Scratch
轻松学创意编程
——吉迦的成长记

秦婧 刘存勇 ◎ 著

清华大学出版社

北京

内 容 简 介

Scratch 是一款可视化编程工具，集编程语言、运行环境以及效果展示功能为一体。它具有开放式的学习环境，适合各个年龄段的读者来学习和提高编程技能。市面上很少有编程语言像 Scratch 一样以积木的方式编程并以动画的方式展示结果，这些优点不仅简化了编程，而且让青少年更容易接受编程思维，并激发对计算机编程的兴趣。

全书共 9 课，以吉迦闯关成长经历为题材，涵盖了 6 个故事情节，分为基础篇和提高篇。在基础篇中介绍 Scratch 编程的基础知识，并结合每课的内容提供了相应的实例；在提高篇中通过编程实现多个综合性的实例作品，以提高读者综合运用数学、物理、地理等知识的能力和创新能力。每个实例都提供了视频效果展示和讲解。

本书适合对编程感兴趣的初学者阅读，也适合家长和老师作为指导青少年学习编程的入门教程。

图书在版编目(CIP)数据

Scratch轻松学创意编程：吉迦的成长记 / 秦婧，刘存勇著. — 北京：清华大学出版社，2018
（与孩子一起学编程）
ISBN 978-7-302-50172-5

Ⅰ.①S… Ⅱ.①秦… ②刘… Ⅲ.①程序设计—青少年读物 Ⅳ.①TP311.1-49

中国版本图书馆 CIP 数据核字(2018)第 100225 号

责任编辑：魏江江
封面设计：刘　键
责任校对：徐俊伟
责任印制：杨　艳

出版发行：清华大学出版社
网　　　址：http://www.tup.com.cn，http://www.wqbook.com
地　　　址：北京清华大学学研大厦 A 座　　　　邮　　编：100084
社 总 机：010-62770175　　　　　　　　　邮　　购：010-62786544
投稿与读者服务：010-62776969，c-service@tup.tsinghua.edu.cn
质 量 反 馈：010-62772015，zhiliang@tup.tsinghua.edu.cn
印 装 者：北京亿浓世纪彩色印刷有限公司
经　　销：全国新华书店
开　　本：212mm×260mm　　　印　　张：8.75　　　字　　数：152 千字
版　　次：2018 年 5 月第 1 版　　　印　　次：2018 年 5 月第 1 次印刷
印　　数：1～2500
定　　价：59.80 元

产品编号：079416-01

前 言

Scratch可以制作多媒体项目和交互式程序，比如动画、游戏、科学实验和模拟程序等，它具有可视化的编程环境，让编程更简单，逻辑更清晰，编程知识更容易被众人接受。平台的实时反馈机制能让用户快速查看运行效果，验证当前逻辑是否可行；丰富的帮助文档和社区平台有助于提升用户的自学能力；积木式的编程方式让用户专注于创意思维而不是编程本身。总之，Scratch简化了编程，形象化了程序结果，从而使创造力和想象力变得更为重要。

本书的优势在于不仅从零基础介绍Scratch，更是由浅入深地以多个案例完成较高层次的学习。该过程中除了学习到编程知识，更重要的是让读者的创意思维得到成长，在了解数学、物理、地理等知识的同时利用Scratch来实现这一切。

读 者 定 位

Scratch是一款非常奇妙的软件，应用入门要求非常低。本书适合所有渴望了解计算机编程的人，而不管读者是否有计算机基础知识。本书从基础知识开始介绍，带领读者完成各种实例，快速提升Scratch编程技能。书中涉及的数学知识不会超出初中范围，而相关的自然科学知识更适合所有人，因此，本书可作为中小学生、高中生以及社会人员的自学手册，也可作为课外辅导以及技能提高手册。

本 书 特 点

一直以来大家都会思考，编程对青少年的意义是什么，难道仅仅是单纯地让他们学会编写几行代码、学会编写几个在特殊环境中的游戏？不是的，在学生阶段我们除了让他们了解什么是编程，更应该让他们的创新、创造能力得到锻炼成长，让他们了解这个世界，让编程的思想进入他们的思维。

书中以动手操作为理念，以主角"吉迦"的闯关成长经历为题材，通过实现6个故事情节，巧妙地把学习和闯关成就结合在一起，让读者更轻松、更有动力地完成Scratch学习，在学习编程知识的同时也能了解各种科学知识。在整个学习过程中，不仅能掌握编程方法，更锻炼了创造力和想象力，达到学以致用的目的。

本书分为初级篇和提高篇，初级篇除了带领读者完成作品外，还介绍了基础知识；提高篇则以综合性的实例作品来提高读者综合运用知识的能力。假如读者在学习过程中遇到个别有难度的程序，可选择暂时跳过，待知识沉淀到一定程度后再回头学习。

本书结构

第一部分基础篇包括4节课，分别是：

第1课　初识Scratch：下载、安装Scratch，了解软件界面，完成第一个作品。

第2课　领略神奇的Scratch：学习本课作品涉及的积木知识，包括造型编辑、外观、运动、变量、运算、流程控制等。

第3课　吉迦的奇遇：开启"吉迦"的奇遇，学习本课涉及的积木知识，主要包括外观控制、运动控制、画笔的运用、事件控制以及角色互访的编程技巧。

第4课　智能的幻方：介绍如何用"罗伯法"填写奇数阶幻方，并利用程序实现这个过程，本课加强逻辑思维锻炼，如感觉难以理解，可先行跳过本课。

第二部分综合提高篇包括5节课，分别是：

第5课　获取浮砖中的火烛：综合运用基础知识完成游戏《获取浮砖中的火烛》。

第6课　利用凸透镜引燃火烛：介绍凸透镜的原理，并利用Scratch实现光线穿过凸透镜的模型。

第7课　雨中大作战：介绍降雨的形成原理，并利用Scratch模拟整个过程，同时加入简单的射击游戏。

第8课　吉迦过桥：模拟曾经风靡一时的游戏《小人过桥》，利用Scratch实现该游戏的创作。

第9课　Scratch编程语法。

本书由秦婧、刘存勇共同编写，编写过程中，为了保证内容的正确性，查阅并参考了很多资料，并得到一些资深Scratch开发人员的支持。

由于编者水平有限，书中难免有疏漏和不足之处，敬请广大读者批评指正，再次表示感谢。

编者

2018年1月

QQ交流群：476907409

目　录

基础篇

综合提高篇

基础篇

第1课 初识Scratch

【吉迦的任务】

📚 下载与安装Scratch软件。

📚 熟悉Scratch的工作区的使用。

📚 制作贺卡，作品运行效果如图1-1所示。

扫 一 扫

案例效果展示

图1-1 贺卡效果

1.1 Scratch安装及设置

Scratch是一款由美国麻省理工学院（MIT）设计开发的针对青少年编程的免费软件，在全球有超过150多个国家在使用。它是以积木模块的形式来实现编程的，而这些积木之间的连接仅用鼠标拖曳就可以完成。也就是说，用户使用这款软件仅通过鼠标拖曳的方式即能开发出自己的程序。

利用Scratch可以把自己喜欢的故事、动画、游戏编成程序甚至可以推演各种数学问题。在学习过程中，可以有效地帮助青少年学会独立的、创造性的思考，提升他们从不同角度思考并解决问题的能力，从小掌握计算机编程的基本技能。

Scratch的编辑器分为在线和离线两种，两者的版本是统一的，截至本书完成时，最新的版本号是"458.0.1"，称为Scratch 2.0，Scratch官网提供了下载地址（https://scratch.mit.edu/download）。

1.1.1 Scratch下载

打开浏览器，在地址栏输入网址https://scratch.mit.edu/download，可进入离线版Scratch的下载页面，见图1-2。

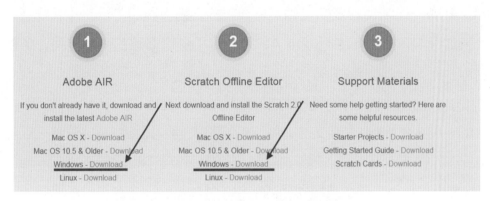

图1-2　Windows系统下需要下载的软件

在图1-2中，Scratch提供了针对不同平台的下载链接，读者可以根据计算机使用的操作系统选择相应的链接下载。本书介绍在Windows操作系统中安装与使用Scratch软件。单击图中标记的Download链接，进行相关下载，下载后的两个安装文件见图1-3。

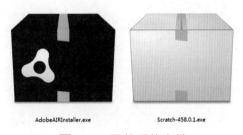

图1-3　下载后的文件

其中，AdobeAIRInstaller是软件运行环境的安装文件（使用者无须关注该软件），而Scratch-458.0.1是Scratch安装文件。

> Scratch离线编辑器版本号以及功能有可能随时间发生变化，但目前版本都属于2.0，本书将以V458.0.1为基础进行功能介绍。
>
> 如果读者感觉Scratch下载速度较慢，可尝试利用第三方下载工具进行下载。

1.1.2　Scratch工作环境部署

部署Scratch的运行环境可分成5个步骤。

① 安装AdobeAIRInstaller。

双击AdobeAIRInstaller.exe安装文件，在弹出的安装首界面中单击【我同意】按钮，进行软件安装。安装过程中有可能弹出Adobe AIR对计算机进行修改的请求界面，单击【是】按钮即可。

② 安装Scratch。

双击Scratch-458.0.1.exe安装文件，弹出安装首页面，见图1-4。设置完成安装位置后，单击【继续】按钮，完成Scratch的安装。同样的，安装过程中有可能弹出Adobe AIR对计算机进行修改的请求界面，单击【是】按钮即可。

可勾选，方便查找以及运行该程序

选择安装路径，也可以使用默认路径

图1-4　安装首页面

安装完成后，桌面会出现一个橙色猫咪的图标，这就是Scratch 2的快捷方式，双击即可启动Scratch软件，见图1-5。

图1-5　Scratch快捷方式

③ 启动Scratch。

安装完成后默认会自动启动Scratch软件（平时可以双击桌面快捷方式来启动软件），进入软件主界面，见图1-6，这是日常进行开发的界面。

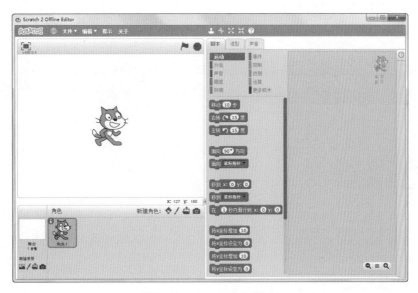

图1-6 Scratch主界面

④ 设置语言。

如果软件安装后的默认语言不合适，可以进行软件语言设置。以中文为例，具体操作是单击工具栏的  图标，然后将鼠标指针悬在弹出菜单的白色箭头处，当语言列表移动到最后时，会出现 简体中文 ，单击该选项完成默认语言的设置，见图1-7。

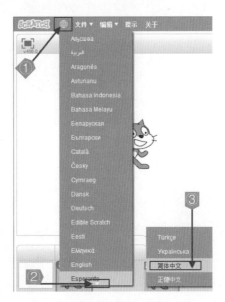

图1-7 软件语言设置过程

⑤ 设置字体大小。

读者可根据自己的需要设置软件显示字体的大小，这里以设置13号字为例进行介绍，具体操作是按住Shift键同时单击 ⊕ 图标，在弹出的菜单中选择上面第二项 set font size ，然后在弹出的字体列表中选择13号字体，完成设置，见图1-8。

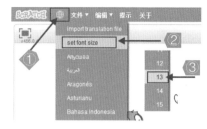

图1-8 字体设置过程

1.2 工作区介绍

工作区通常也可以称为软件界面，按照功能不同分成不同的区域，每块区域都有自己的用途。

1.2.1 Scratch主界面

Scratch主界面中每块区域相关的功能可以参考图1-9。

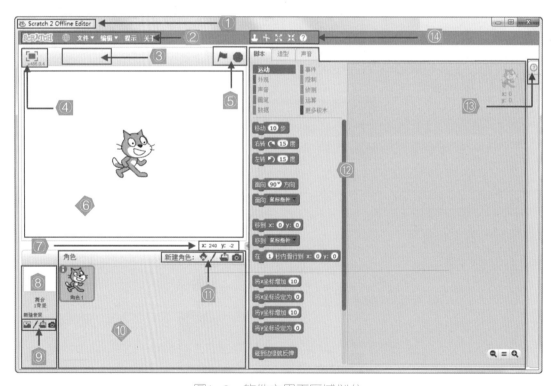

图1-9 软件主界面区域划分

① 软件标题栏：显示软件名称，单击猫咪图标时可以弹出菜单，包含最大化、最小化等操作。

② 菜单栏：提供网站链接、语言设置、项目操作、编辑、提示等功能。

③ 作品名称显示栏：显示当前作品的名称（必须是保存过的作品）。

④ 软件展示按钮：设置Scratch软件是否以全屏方式展示程序。

⑤ 功能控制按钮：绿旗是运行程序按钮，红圆是停止运行程序按钮。

⑥ 舞台区：这里展示整个作品的内容，一部分针对作品中素材的操作可以在舞台区完成，例如放置角色的位置，设置角色的大小等。其中的猫咪是Scratch提供的默认角色，允许对其删除。这个区域上下方向被定为Y轴，左右方向被定为X轴，其中Y轴坐标范围是-180～180；X轴坐标范围是-240～240。

⑦ 坐标信息：这里显示鼠标在舞台中的坐标位置，只要鼠标指针悬在Scratch软件的界面上，即使鼠标指针移出舞台区，这里也会以合理的坐标方式显示鼠标位置。显示的数据范围等同X轴和Y轴的范围。例如，当鼠标指针向右横移出舞台区时，X会显示240，Y显示真实位置。

⑧ 背景编辑区：这里设置舞台的背景，并展示背景缩略图。可选择Scratch自带的背景图片或外部的图片，当然也可以自己绘制背景图。

⑨ 新建背景按钮：按钮从左到右分别是从背景库中选择背景、绘制新背景、从本地文件上传背景、拍摄照片作为背景。

⑩ 角色编辑区：浏览当前作品中所有角色的缩略图，增加、删除角色以及更改角色信息。

⑪ 新建角色按钮：从左到右分别是从角色库中选取角色、绘制新角色、从本地文件中上传新角色、拍摄照片作为角色。

⑫ 功能区：在图1-9所示界面的右侧区域称为功能区，包括脚本、造型、声音三部分，并以标签的形式展现在软件上，是用来编辑作品的主要工具。

⑬ 提示区：由Scratch提供了一部分实例，有助于掌握Scratch的基础知识。

⑭ 快捷工具：主要用于操作角色或角色造型。从左至右依次是复制、删除、放大、缩小。

1.2.2 舞台区

为了让作品中各元素以比较精确的方式在舞台上运行，Scratch为舞台设置了坐标，坐标分为X轴和Y轴，具体见图1-10。

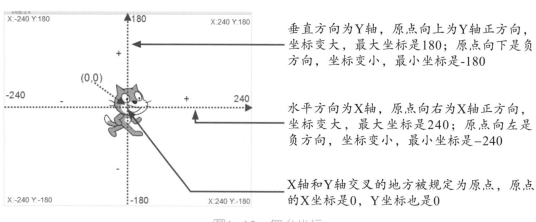

垂直方向为Y轴，原点向上为Y轴正方向，坐标变大，最大坐标是180；原点向下是负方向，坐标变小，最小坐标是-180

水平方向为X轴，原点向右为X轴正方向，坐标变大，最大坐标是240；原点向左是负方向，坐标变小，最小坐标是-240

X轴和Y轴交叉的地方被规定为原点，原点的X坐标是0，Y坐标也是0

图1-10　舞台坐标

舞台区的坐标非常重要，因为作品里的角色需要坐标来定位。需要牢记的是舞台中的每个角色的位置都需要一个X坐标和一个Y坐标的组合来确定，舞台四个角的坐标如图1-10标注所示。

1.2.3 脚本工作区

下面详细介绍一下工作区部分，工作区按功能不同分为3种类型，分别是脚本、造型、声音。其中脚本功能区的介绍可参考图1-11。

① 单击该标签进入脚本工作区，软件默认展示的也是该工作区。

② 积木分类区：Scratch以积木的方式替代传统的代码指令，并把相似的积木归类。积木分为10类，每类包含多种具体的指令积木。

③ 指令积木区：展示每一类脚本下包含的指

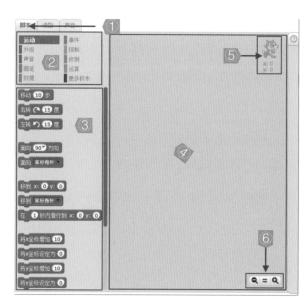

图1-11　脚本工作区

令积木。图1-11中是运动类型中包含的各种指令积木。

④ 程序指令区：放置程序脚本的地方，可在这个地方编写程序指令。

⑤ 角色坐标信息：当前角色在舞台区中的坐标信息，随着角色的移动而变化。

⑥ 积木缩放工具：可用来缩放"程序指令区"内积木显示的大小，方便编辑。

💡 需要了解的是"程序指令区"只是对软件这一区域的叫法，作品中的每个元素都有它自己的程序指令区，并且不会混杂在一起。这就好像一个只能容纳一场比赛的篮球场一样，对于每场比赛来说篮球场都属于他们自己，每场之间又不混杂。

📝 试一试：拖曳【脚本】/【运动】/ 移动 10 步 到程序指令区，并尝试使用鼠标多次单击 移动 10 步 积木，观察猫咪的动作，操作顺序可参考图1-12。

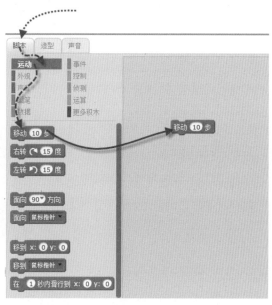

图1-12 "试一试"操作步骤

1.2.4 造型工作区

造型工作区负责绘制作品中新背景、新角色，以及编辑它们的造型。有关该工作区的介绍参考图1-13。

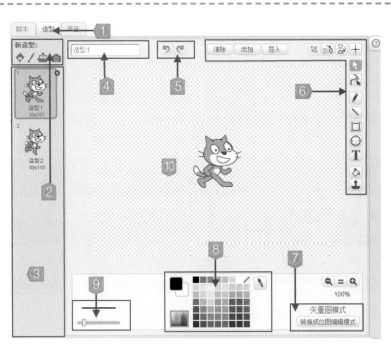

图1-13　造型工作区

图1-13中各序号代表的内容如下所述。

① 造型区标签：如果是针对角色或角色造型的编辑，这里标签显示成 造型 ；如果针对背景的编辑，这里的标签会显示成 背景 。虽然两者标签有差异，但工具是通用的。

② 新造型按钮：以不同方式创建新的造型，鼠标指针悬停图标上面可显示具体功能。

③ 造型陈列区：每个角色对应的所有造型会以列表的形式出现在这里，每个造型下面标注了造型的名称，左上角标注了造型的编号。程序中允许以调用造型编号或造型名称的方式使用指定造型。

④ 造型名称：这里可以修改指定造型的名称。

⑤ 重做或撤回按钮：对造型修改时，可以利用这两个按钮撤回不满意的操作。

⑥ 造型工具栏：主要功能是绘制新造型以及对造型库里的造型进行编辑，位图模式和矢量图模式的工具不相同，当鼠标指针悬停在这些按钮上方时会有提示弹出。

⑦ 位图矢量图转换按钮：以不同的模式编辑当前造型。简单来说，矢量图模式下绘制的图形放大时不会出现锯齿情况。

⑧ 颜色配置：编辑或创建造型时，用来设置指定部位的颜色。

⑨线条粗细拉杆：以拉杆的方式设置线条的粗细，以方便绘图。

⑩造型编辑区：中间猫咪所在的地方就是用来编辑造型的区域，该区域的大小和舞台区是一样的。

💡　牢记造型是针对角色的，也就是每个角色可以呈现出来的样子，每个角色允许有多个造型，不同造型在程序运行时可以进行相互切换。

💡　位图矢量图转换按钮用来改变当前编辑的环境，改变的时候有可能会对已有的元素产生影响。例如，当导入的造型是一个矢量图时，利用该按钮把编辑环境变为位图模式，再次改成为矢量图模式，那么此时这个造型也不可以利用矢量图工具对它进行随心所欲的编辑。因此应擅于使用"重做或撤回按钮"来完善自己的造型。

💡　有关背景、角色以及角色造型的绘制或编辑都会在"造型工作区"完成。

📝　试一试：在造型工作区选中工具栏中的【线段】工具，并在"造型编辑区"左边缘按下鼠标左键，同时按住Shift键，鼠标指针向右滑动到编辑区右边缘。松开鼠标时观察左边的舞台区的变化。操作步骤可参考图1–14。

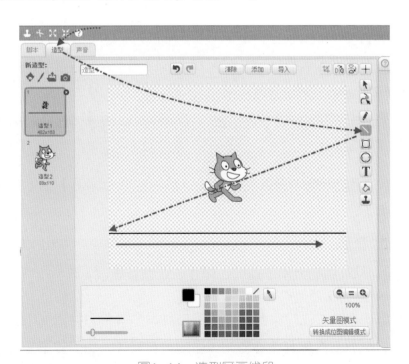

图1–14　造型区画线段

1.2.5 声音工作区

声音工作区用来对声音进行相关编辑操作。界面见图1-15。

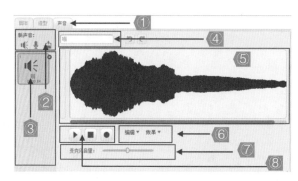

图1-15 声音工作区

图1-15中各序号代表的内容如下。

①声音工作区标签。

②新声音按钮：创建新的声音作为程序元素，可从声音库中选取声音，利用麦克风录制新声音，从本地文件中上传声音文件。

③声音素材列表区：所有出现在程序中的声音都陈列在这个位置，图标下面是声音文件的名称和时间，左上角是该声音的编号。

④声音名称：这里可给选中的声音更改名称。

⑤音效图形：当前被选中的声音文件以图形的方式表现出来，并允许用户对该声音素材进行编辑。

⑥编辑音效菜单：用鼠标选中音效图形某段，然后选择【编辑】或【效果】菜单中的选项可对当前音效进行编辑。

⑦设置麦克风接收音量。

⑧播放录音按钮：从左到右分别是播放、停止、录音按钮。

试一试：用鼠标划选声音工作区中默认音效图形其中的一段，并对选中的这段音效编辑为无声效果，然后从音效开头播放编辑后的声音文件，感受效果变化（音效图形上方的撤回和重做按钮可帮我们快速撤回错误的编辑）。操作步骤可参考图1-16。

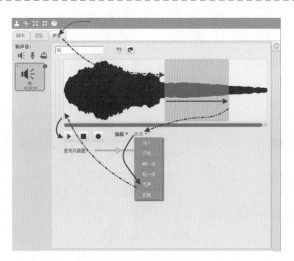

图1-16 编辑音效

1.3 第一个Scratch程序

一个Scratch程序通常包括背景和角色。下面来实现第一个作品——带音乐的贺卡，打开Scratch软件，按照如下步骤实现该作品。

① 删除不需要的角色。为了降低无用角色带来的视觉影响，可首先删除默认角色（默认角色是否删除可根据自己的需求来定）。操作过程见图1-17。

用鼠标选中想要删除的角色，右击，在弹出的菜单中选择 删除 选项

图1-17 删除角色

② 选择舞台背景。操作过程见图1-18。

将鼠标指针移到 🖼 上方，单击该图标按钮，弹出Scratch自己的背景库界面

图1-18 新增背景

③ 选择背景。操作过程见图1-19。

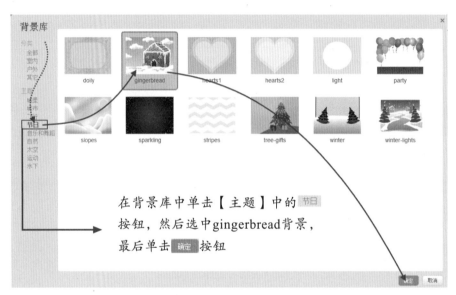

在背景库中单击【主题】中的 节日 按钮，然后选中gingerbread背景，最后单击 确定 按钮

图1-19 选择背景

④ 打开角色库，准备选择角色。操作过程见图1-20。

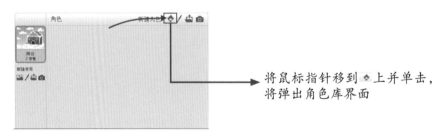

将鼠标指针移到 ◆ 上并单击，将弹出角色库界面

图1-20 打开角色库

⑤ 选择角色。操作过程见图1-21。

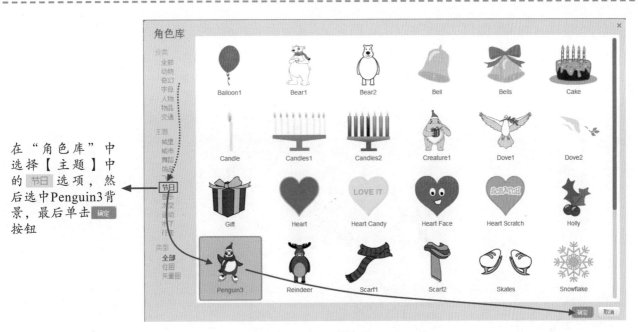

在"角色库"中选择【主题】中的 节日 选项，然后选中Penguin3背景，最后单击 确定 按钮

图1-21 选择角色

角色和背景可以随意选择，只要符合自己心中的场景就好，一切都是自由的。

⑥ 给Penguin3挪个位置。操作过程见图1-22。

导入的角色的位置如果不符合自己的要求，可以在"舞台区"上用鼠标选中角色，然后进行拖曳操作，以改变它的初始位置。这里是把Penguin3这个角色移到了箭头的位置

图1-22 放置角色位置

⑦ 让Penguin3出现说话的效果。首先选中Penguin3角色，然后在"积木分类区"选择 ▊外观 ，鼠标指针下移，按住 说 Hello! ② 秒 积木，拖曳该积木到右边的"程序指令区"，可以将积木中的Hello!改成其他文字。操作过程见图1-23。

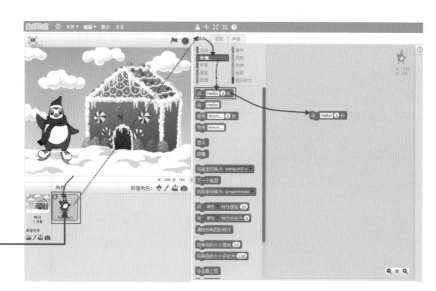

编辑某个角色的行为前，一定要先选定该角色。这里用鼠标选定了Penguin3角色

图1-23 设置角色语言表达效果

到了这一步，可以双击"程序指令区"中的 说 Hello! ② 秒 积木，看看角色Penguin3是不是出现了说话的效果。

⑧ 设置程序的运行入口。以上介绍的是整个作品的内容，如果让该作品整体运行起来，还需要设置程序的运行入口，程序会从入口处的积木开始执行。设置过程和上一步类似，首先选中Penguin3角色，然后拖曳【事件】一类中的 当 被点击 积木到"程序指令区"，放到 说 Hello! ② 秒 的上缺口处，这个过程就好像堆积木一样。操作过程见图1-24。

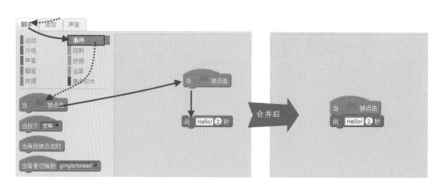

图1-24 设置程序入口

⑨ 为程序添加音效。添加音效的目的是让程序更丰富更完善。添加音效一共可分成两步操作：

① 添加声音文件。

首先选中Penguin3角色，然后在"声音工作区"单击  按钮，打开Scratch自带的声音库，在声音库中单击 循环音乐 ，之后选中birthday bells音乐文件，再单击 确定 按钮，完成从声音库中选取声音。操作过程见图1-25和图1-26。

图1-25 打开声音库

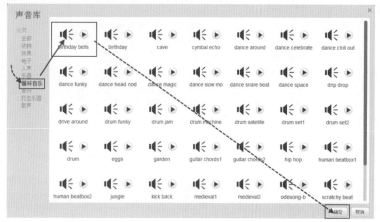

图1-26 选择合适的声音文件

② 播放声音文件。

首先选中Penguin3角色，在"积木分类区"选择 声音 ，鼠标指针下移，按住 播放声音 pop 积木，拖曳该积木到右边的"程序指令区"；然后拖曳【事件】一类中的 当 被点击 积木到"程序指令区"，放到 播放声音 pop 的上缺口处；最后单击 播放声音 pop 凹槽中的箭头，在列表中选择birthday bells选项，表示播放该文件。操作见图1-27。

图1-27 设置播放声音文件

⑩ 让程序运行起来。单击"舞台区"上面的 ⚑ 开始运行程序。运行结果见图1-28。

正在执行的代码
以高亮显示

图1-28 运行的程序

💡 每个程序不一定只有一个入口，它可以有多个 ▨ 被点击 积木，当单击 ⚑ 时，每个入口都会同时执行。

⑪ 保存个人的作品。单击"菜单栏"中的 文件▾ 按钮，在弹出的菜单列表中选择 保存 选项，在弹出的目录中选定位置，进行个人作品的保存。操作过程见图1-29。

图1-29 保存个人作品

📝 试一试：当个人作品保存后，可以再试试菜单中的 另存为 选项，看看有什么区别。

当作品被保存后，假如需要开始制作新的作品，则单击图1-28菜单中的 新建项目 选项，会得到一个原始的舞台。

技巧▼　假如只想保留某段时间内的一个创意，还不确定是否在作品中使用这个场景，那么需要单击图1-28菜单中的 另存为 选项。

1.4　课程拓展

一、多选题

1. Scratch是一款什么类型的软件呢？（　　　）

　A. 免费的

　B. 支持多种语言

　C. 由麻省理工学院（MIT）设计

　D. 是一款程序开发软件

2. 下面说法正确的选项有哪些？（　　　）

　A. Scratch分为在线和离线编辑器

　B. 每个Scratch作品可以包含多个角色

　C. 角色的造型可以被编辑

　D. Scratch以积木组合的方式进行开发

3. 造型工作区可以对作品中的哪些元素做操作？（　　　）

　A. 绘制新背景

　B. 编辑背景

　C. 绘制新角色

　D. 绘制或编辑角色的造型

二、功能连线

尝试把下列图标和功能进行连线。

造型中用来撤回当前操作

绘制背景、角色或造型

位图模式下用来填充颜色的工具

从库中选取角色或造型

开始作品的运行

设置角色造型的中心

用来放大舞台中的角色

三、动手练习

利用学到的知识，尝试完成下面两个场景。

> **提示** ▶
> 可能用到的工具有 ⚔ ⚔，以及对造型的浏览操作。

第2课 领略神奇的Scratch

【吉迦的任务】

- 了解常用的造型编辑工具。
- 学习运动积木、变量的创建、运算积木、流程积木的应用。
- 随课程做练习：实战演练1~4。
- 学习并跟随课程完成本章主要作品——游泳的鱼，作品运行效果如图2-1所示。

图2-1 "游泳的鱼"运行效果

扫一扫

案例效果展示

2.1 预备知识

理论上来说，只要素材足够，不管是互动性游戏还是动画展示，在Scratch环境下都可以开发出绝大部分用户想要的场景。然而，Scratch也不是万能的，每个软件都有自己的不足，这些不足之处很可能会增加实现某些功能的难度。用户要做的就是在Scratch环境中开拓思路，发散思维，以不同的方式实现自己理想中的场景。

每个作品除了包括思维逻辑外，也是多项知识的综合运用，本节对作品运用的知识进行详细介绍，再运用所学知识完成一个作品。

2.1.1 造型的编辑

造型会丰富角色在舞台上的展现形式。每个角色（也包括背景）包含了一个或多个造型，就像每个人拍照时摆的不同姿势，因此，在作品中展示到前台的实际上是角色的造型。至于具体需要展示哪个造型到舞台，则可由自己控制。常用造型编辑工具见表2.1。

表2.1 常用造型编辑工具

工 具	功 能 介 绍
	从"造型库"添加新造型到"造型列表区"，可依据不同分类在造型库中快速查看造型
	复制按钮。对"造型列表区"的造型进行复制操作，也可对其他元素进行复制操作
	放大、缩小按钮。手工对造型进行放大或缩小操作，也可对其他元素进行放大或缩小操作
fish1	编辑当前选定造型的名称
	撤回、重做按钮。假如当前操作出现了失误，可利用撤回按钮返回上一步的操作，当然也可以利用重做按钮重新完成之前撤回的操作。有时候也可尝试 Ctrl+Z 快捷键，完成撤回
清除	清除当前造型内的所有元素
添加	从"造型库"中添加新的元素到当前的造型中，这和添加新造型到"造型列表区"不一样
导入	从硬盘（也就是软件外部）添加元素到当前造型中
	分别对当前造型进行左右翻转和上下翻转操作
+	用来设定当前造型的中心。这个比较重要，造型进行旋转或设置造型的坐标时需要以中心点为基准，当造型形状不规则或较大时，有可能需要考虑中心点的设置
	对矢量造型进行形状编辑操作，对位图造型不可以操作

💡 在舞台中计算某个元素的位置时，需要以该元素的中心进行计算，因此设置造型的中心就显得很重要，中心并不是一成不变的，是否需要设置以及设置在哪需要根据实际情况进行操作。

2.1.2 角色的外观

角色编辑主要针对角色的造型操作，但在作品运行时，控制造型变换的操作由积木脚本实现，其中"积木分类区"的 外观 中包含了多种针对外观变换操作的积木，本节涉及的积木以及扩展部分见表2.2。

表2.2 本节涉及和常用的外观积木

工 具	功能介绍
将造型切换为 造型2	改变当前角色的造型，以让它展示不同的外观，其中下拉列表中的"造型2"是造型的名称。该积木允许其他可嵌入积木的嵌入操作，例如 将造型切换为 ●+●
下一个造型	该积木针对"造型编号"来操作，可由当前造型切换到下一个编号的造型。造型编号标注在每个造型的左上角
☐ 造型编号	该积木携带了当前展示造型的编号，如果选中复选框，则可以在舞台中显示当前造型的编号，方便调试程序。此外，该积木也可以镶嵌到其他积木中
将角色的大小增加 10	在程序中，可以动态地改变角色的大小，其实也就是设置当前角色所有造型的大小。其中的数字为正，表示增加角色大小，例如"10"；数字为负则表示减小角色的大小。该积木允许其他可嵌入积木的嵌入操作
将角色的大小设定为 100	在程序中，可以动态地设定当前角色的大小，凹槽中的"100"表示角色的大小，该积木允许其他可嵌入积木的嵌入操作。它和 ✕ ✕ 有区别， ✕ ✕ 是在程序运行前就人工设置好角色大小了，并且在程序运行期间大小不变

2.1.3 角色的运动

角色的运动就是角色在舞台中坐标的改变，运动期间可能会涉及运动的方向、运动的步长、运动的时间等。相关积木均在"积木分类区"的 运动 中，本节涉及的积木以及扩展部分见表2.3。

表2.3 本节涉及和常用的运动积木

工 具	功能介绍
移动 10 步	朝着角色当前的方向前进10个坐标
面向 90° 方向	指定角色的运动方向，角度可以自己输入，也可以嵌套其他可嵌套的积木，默认给出了以度数表示的上、下、左、右四个方向。其中0°是向上，180°是向下，90°向右，−90°向左
移到 x: 243 y: -170	指定当前角色运动的终点位置，由于没有时间限制，几乎瞬间完成移动操作，常常用来设置角色的初始位置。图中的数据表示X轴坐标是243，Y轴坐标是−170的点。含义就是在X轴坐标为243的地方垂直X轴画一条直线；同时在Y轴坐标负方向为170的地方垂直Y轴画一条直线，两者交叉的地方就是终点
在 1 秒内滑行到 x: 1 y: 1	在指定的时间内，这里是1秒，角色滑行到指定的坐标处
将x坐标增加 10	将当前角色的X轴坐标增加10，Y轴坐标保持不变

工　具	功能介绍
将旋转模式设定为 左-右翻转	程序中，动态设定当前角色的旋转模式
□ X 坐标	携带当前角色的 X 轴坐标，勾选前面的复选框，可在舞台显示当前角色的 X 轴坐标
碰到边缘就反弹	当角色碰触舞台四壁时，角色会反弹往回走，并且视情况角色造型在舞台上以反转的样子进行展现

💠 实战演练1：将默认角色"黄色猫咪"设置初始位置(50,100)，面向右边，初始大小为50，在1秒内移动到(−200,−150)，然后将角色大小增加15，在2秒内移动到(200,−150)，再次把角色大小增加15，最后回到猫咪的初始位置。单击舞台上方的 🚩，运行最后脚本。有关程序可参考图2−2。

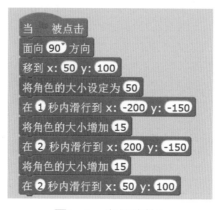

图2−2　实战演练1

2.1.4　变量的创建

变量用来存储程序运行过程中产生的临时数据，然后利用这些数据，程序可以进行相关计算、判断流程，使程序以更合理的方式运行。创建变量需要使用"积木分类区"的 数据 中的 建立一个变量 。创建变量的相关过程见图2−3。

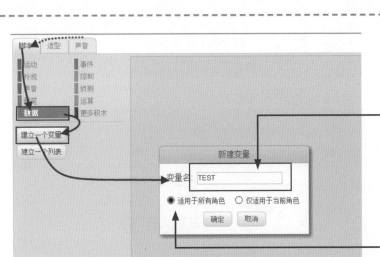

填写变量名，建议填写有含义的变量名，可以知道该变量在程序中的用处

"适用于所有角色"可以让作品中所有角色都能访问该变量；而"仅适用于当前角色"仅能让当前角色访问该变量，其他角色无法看到这个变量

图2-3　创建变量

变量创建完成后会以列表的形式陈列在这个区域，并给出4个针对变量进行设置的积木，具体参照图2-4。

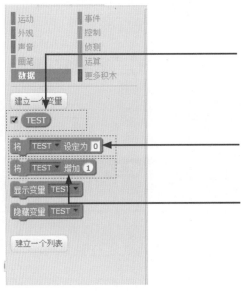

新创建的变量的名称，以积木的形式出现。该积木可以嵌套到其他可嵌套的积木内

设置变量的值，在下拉框中可以选择对现有变量的设置值

为指定的变量增加指定的数值

图2-4　完成变量创建

2.1.5　程序中的运算

Scratch为用户提供了运算的环境，这些涉及运算的积木都在"积木分类区"的 运算 中。

其中包括加、减、乘、除、三角函数、平方根、随机数、比较运算、与运算、或运算和非运算等。本节作品主要涉及的几种积木见表2.4。

表2.4　本节涉及和常用的运算积木

工　　具	功能介绍	例　　子
在 1 到 10 间随机选一个数	随机获取两个数之间的某个数	
<	比较运算，当前面的元素小于后面的元素时，整个表达式的结果为真，表达式成立，该积木通常嵌入到其他可嵌入的积木当中	a < B 表示 a 小于 B 吗？ x 坐标 < 100 表示当前角色的 X 坐标小于100吗？
=	比较运算，当前面和后面的元素相等时，整个表达式的结果为真，也就是表达式成立	CAT = Cat 表示 CAT 和 Cat 相等吗？
>	比较运算，当前面的元素大于后面的元素时，整个表达式的结果为真，也就是表达式成立	100 > 80 表示 100 比 80 大吗？
与	与运算，当前面表达式和后面的表达式都成立时，也就是都为真时，整个表达式的结果为真，其他情况下，整个表达式的结果为假	100 > 80 与 100 = 80 前面凹槽中 100 比 80 大，返回真；后面凹槽中两个数值不相等返回假。因此整个结果返回假，也就是 false
或	或运算，凹槽内镶嵌其他表达式，当前面凹槽和后面凹槽其中一个结果为真时，整个表达式的结果就为真；当两者都为假时，整个表达式的结果为假	100 > 80 或 100 = 80 前面凹槽中 100 比 80 大，返回真；后面凹槽中两个数值不相等返回假。因此整个结果返回真，也就是 true
不成立	非运算（不成立运算），当凹槽的表达式为真时，整个表达式的结果为假；当凹槽的表达式为假时，整个表达式的结果为真	100 > 80 不成立 凹槽返回真，但整个积木结果是假

提示：Scratch中菱形积木都返回一个布尔值，即true或false之一，表达式成立返回true，不成立返回false。

💎 实战演练2：输入不同数值到上面几个运算积木中，并尝试相互嵌套进行运算，查看它们的运算结果。具体操作方式是把这些积木嵌入"积木分类区"的 外观 的 说Hello!2秒 积木中，并单击该积木查看最后结果（结果会由角色以语言效果提示出来）。操作步骤参考图2-5。

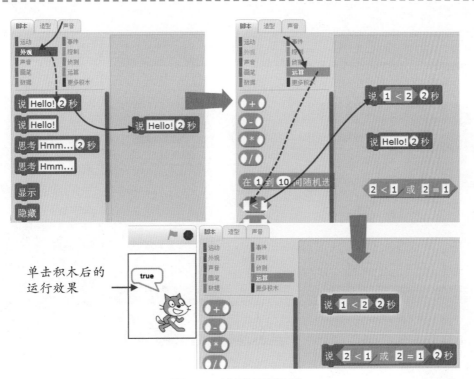

图2-5　检测运算结果

2.1.6　程序流程控制

世界上做任何事都会有流程，例如"温度高于20℃，我就出去玩"或者"我会不断地努力"。最简单的流程是顺序执行，除此之外还有分支流程，流程是可控的。本节需要了解的流程控制积木有3个，分别是"重复执行""如果…那么…"和"如果…否则…"积木。它们位于"积木分类区"的 控制 中。相关说明见表2.5。

表2.5　本节涉及和常用的流程控制积木

工　　具	原理演示	流　程　图	功能说明
重复执行	重复执行 将x坐标增加 10 将y坐标增加 10 移动 10 步　N个积木	执行N个积木	该积木内的脚本会不断重复执行。这种功能可以让程序运行后一直运行下去，除非设置终止条件或人为终止程序的运行

续表

工 具	原 理 演 示	流 程 图	功 能 说 明
如果 那么	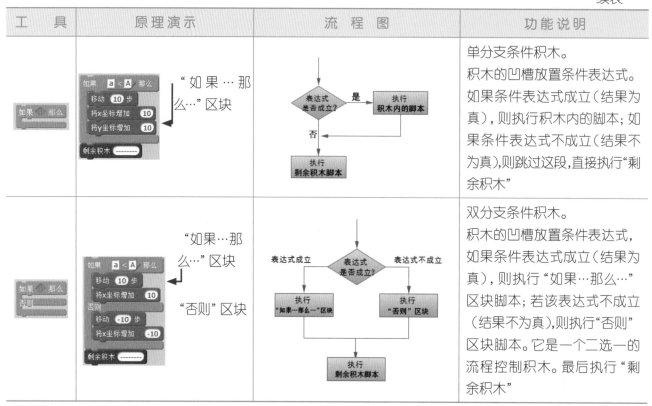		单分支条件积木。积木的凹槽放置条件表达式。如果条件表达式成立（结果为真），则执行积木内的脚本；如果条件表达式不成立（结果不为真），则跳过这段，直接执行"剩余积木"
如果 那么 否则			双分支条件积木。积木的凹槽放置条件表达式，如果条件表达式成立（结果为真），则执行"如果…那么…"区块脚本；若该表达式不成立（结果不为真），则执行"否则"区块脚本。它是一个二选一的流程控制积木。最后执行"剩余积木"

流程控制需要结合 运算 或 侦测 中的部分积木来使用。

◈ **实战演练3**：在默认角色猫咪的脚本区编辑，并单击以下两种代码，比较两者的不同，代码见图2-6。

图2-6　代码比较

2.1.7　Scratch中的声音

为了丰富程序的内容，Scratch提供了与声音相关的积木，它们归属于 声音 模块，利用这些积木可以为程序添加音效也可以编写简单的乐曲。常用积木可参考表2.6。

表2.6　本节涉及和常用的声音积木

工　具	功　能　介　绍	备　注
播放声音 喵	播放选中的声音文件，能被选择的声音都是出现在声音列表中的文件	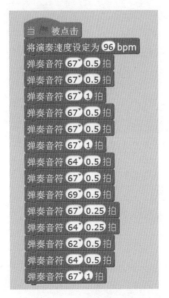
播放声音 喵 直到播放完毕	把选中的声音文件播放完成才能继续执行下面的代码	
弹奏鼓声 1 0.25 拍	演奏指定的鼓声 1 次，节拍是 1/4 拍。凹槽中给出了不同的鼓	弹奏鼓声 1 0.25 拍 (1)小军鼓 (2)低音鼓 (3)鼓边敲击 (4)碎音镲
弹奏音符 60 0.5 拍	以不同的音符演奏指定的节拍 1 次，60 代表 Do:[dəu]	弹奏音符 60 0.5 拍 中央C(60)
演奏乐器设为 1	指定演奏乐器。凹槽中给出了乐器列表	演奏乐器设为 1 (1)钢琴 (2)电子琴 (3)风琴 (4)吉他

◈ 实战演练4：演奏一段"卖报歌"。具体代码见图2-7。

图2-7　卖报歌片段

2.2　作品制作前的思考

2.2.1　场景设想

假设在海中有一条鱼，鱼不断地游来游去，每次游动的时候鱼头都要朝着前进的方向，并且游动的方向是随机的。

2.2.2　思路引导

场景被设定后需要思考如何实现这个场景，思考的过程就是产生思路的过程，在产生一个思路后会紧接着考虑这个思路是不是行得通，也就是利用Scratch是不是可以实现这个想法，假如能实现，则整个问题被解决，反之，则需要重新考虑新的思路。在图2-8中提供了引导思路的过程，仅供参考。

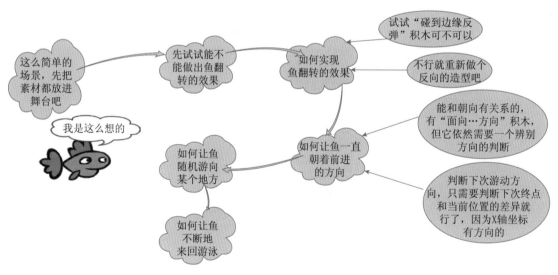

图2-8　思路引导

> **说明▼**　思路引导并不是固化同学的思路，而是给同学增加一个思考的方向，由于作者提供的思路并不是唯一的。如果同学有更好的，当然欢迎大家展示给周围一起学习的朋友。

2.2.3 难点突破

每个场景的实现都需要相关技术的支持，所谓技术就是思维逻辑以及利用各种积木组合来实现这种思维的能力。利用Scratch很容易处理并实现某些场景，但有些场景需要思考和不断试验后才能实现，这就好像Scratch为用户提供了各种积木模块，而如何搭建积木，搭建出来的作品好不好全靠自己。

在"思路引导"过程中，有几个难点是需要深入思考并实现的，有关这个场景中可能遇到的技术难题以及相关解决方案可参考表2.7。

表2.7　场景技术难题及解决方案

难　点	解决方案	涉及的积木
鱼在游泳时头部一直朝前进方向，要求随时可以变换，而不是在碰触舞台边缘时变换，需要考虑向左和向右两种情况	积木 碰到边缘就反弹 不适合该场景。可利用下一次位置的 X 轴坐标和当前位置的 X 轴坐标进行对比，如果下次位置 X 坐标小于当前位置 X 坐标，则角色朝左，否则朝右	需要利用 数据 中的 建立一个变量 功能创建一个"变量"积木来记录下次的位置，这样方便和当前位置进行比较
翻转效果	如果要使用的角色不具备刚好相反的两个造型，则可以利用"造型编辑"创建一个与现有造型相反的造型即可	涉及造型的"复制"（ ）、造型的"左右翻转"（ ）工具
让鱼随机游泳	利用积木随机获取 X 轴和 Y 轴坐标值，用来组成新坐标	在 1 到 10 间随机选一个数
让鱼不停游动	利用"重复执行"积木实现这一功能	重复执行

2.3 实现游泳的鱼

2.3.1 作品需要的元素

作品中所有的可操作的对象称为元素，例如背景、角色、造型等。本场景需要的元素见表2.8。

表2.8　场景中包含的元素

元　素	说　明	相关操作
	程序背景。 从 Scratch 背景库 主题 / 水下 中选取 underwater2	
ripples 00:01.95	背景中的声音。 从 分类 / 效果 中选取 ripples 声音文件	先选中背景图，然后再选择造型区的"声音"标签，最后增加声音文件到列表
	游泳的鱼角色。 从 Scratch 角色库 主题 / 水下 中选取 Fish1。利用造型编辑工具把该角色的造型制作成朝向相反的两个造型	

2.3.2　作品中需要的积木

作品中需要使用的积木见表2.9。

表2.9　作品中出现的积木

工　具	说　明	备　注
重复执行	设置不断重复执行程序,让鱼不断游泳	
如果 那么 否则	用来判断鱼前进的方向	
将旋转模式设定为 左-右翻转	设置旋转模式,将鱼设置为只能左右旋转	也可以这样操作,实现同样的功能

工　具	说　明	备　注
建立一个变量 ☑ 下一个位置X ☑ 下一个位置Y	创建两个新变量,用来存储下一个位置的X 轴坐标和 Y 轴坐标	
将造型切换为 fish2	在确认鱼前进的方向后,再设置鱼的造型,这样就能实现鱼总朝前游动	
在 ❶ 秒内滑行到 x: ❽❾ y: ❶-15	让鱼在规定的时间移动到指定的位置,达到游动的效果	
在 ❶ 到 ❿ 间随机选一个数	获取随机数。 可配合 在 ❶秒内滑行到 x: ❽❾ y: -15 使用,作用是达到随机获取 X 轴坐标和 Y 轴坐标的目的	

2.3.3　作品的执行流程

作品执行的主要流程见图2-9。

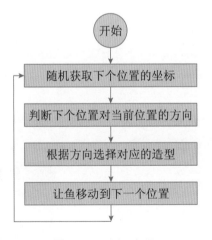

图2-9　执行流程

2.3.4　作品实现

作品的实现脚本见表2.10。

表2.10　作品的实现脚本

元　素	元素对应的脚本
	当 ▣ 被点击 将旋转模式设定为 左-右翻转▾ 重复执行 　将 下一个位置X 设定为 在 -210 到 210 间随机选一个数 　将 下一个位置Y 设定为 在 -150 到 75 间随机选一个数 　如果 下一个位置X < x 坐标 那么 　　将造型切换为 fish2 　否则 　　将造型切换为 fish1 　在 3 秒内滑行到 x: 下一个位置X y: 下一个位置Y
	当 ▣ 被点击 重复执行 　播放声音 ripples 直到播放完毕

2.4　课程拓展

从Scratch角色库中导入黄色猫咪Cat1，利用脚本让猫咪实现行走的效果，并且在碰到边缘时往回走。相关脚本见表2.11。

表 2.11　课程拓展脚本

元　素	元素对应的脚本
	当 ▣ 被点击 将旋转模式设定为 左-右翻转▾ 重复执行 　移动 10 步 　下一个造型 　碰到边缘就反弹

说明▾　移除积木只需要将其从脚本区拖曳到积木列表区。

第3课　吉迦的奇遇

【吉迦的任务】

📚 了解本章列出的造型编辑工具。

📚 学习本章列出的外观控制积木、运动积木、画笔功能积木以及事件控制积木。

📚 学习画笔的简单应用。

📚 学习并跟随本章内容实现猫咪和猴子的对话场景，实现效果如图3-1所示。

📚 学习并跟随本章内容实现主要作品——吉迦的奇遇，场景效果如图3-2所示。

图3-1　猫咪与猴子对话

图3-2　吉迦的奇遇场景效果

3.1 预备知识

3.1.1 角色的编辑

对于新建角色，如果同学有一定的绘画基础，可以利用造型编辑工具来把自己心中的角色绘画出来。本节涉及的造型编辑工具见表3.1。

表3.1　本节涉及的造型编辑工具

工　具	功能介绍
✐	位图模式下的画笔工具，可以绘画任意线条，和日常中使用的笔类似
▬▬▬▬	设置画笔粗细的拖杆，往右画笔会变粗，往左画笔会变细。上面的黑线是画笔粗细预览

续表

工　具	功能介绍
	用来设置绘制图像或角色造型的颜色

3.1.2　角色的外观控制

本课涉及有关 外观 中的新知识见表3.2。

表3.2　本节知识相关的外观积木

工　具	功能介绍
隐藏	设置当前角色是否以隐藏状态存在
显示	设置当前角色是否以显示状态存在
说 Hello! 2 秒	角色可以出现说话的效果，积木中的"Hello！"会持续出现 2 秒。积木中的内容和时间都允许更改
说 Hello!	和上个积木效果相似，不可以设定持续的时间
思考 Hmm... 2 秒	角色发出思考的效果，持续时间 2 秒。积木中的内容和时间都允许更改
思考 Hmm...	和上个积木效果相似，不可以设定持续时间
将 颜色 特效设定为 0	对当前角色的属性进行设定，设定的属性通过下拉列表选择
将 颜色 特效增加 25	改变当前角色某个属性的值，数字可以小于 0。有关角色的属性可以从下拉列表中选择

提示▼ 如果一个角色有多次连续的说话或思考的动作，那么每个积木之间建议放置 等待 1 秒 积木，否则后面说的话有可能会覆盖掉前面的话。

3.1.3　角色的运动

在 运动 模块中，与本节内容相关的积木介绍见表3.3。

表3.3 本节知识相关的运动积木

工 具	功能介绍
右转 ↻ 15 度	在角色设定旋转模式后,会向右以设定的模式旋转 15°
左转 ↺ 15 度	在角色设定旋转模式后,会向左以设定的模式旋转 15°
将y坐标设定为 0	为当前角色指定 Y 轴的坐标,这里是指 Y 轴原点
将y坐标增加 10	当前角色 X 轴坐标不变,Y 轴坐标增加指定距离,这里是增加 10。当数字小于 0 时,相当于减法操作

3.1.4 画笔的功能

相关积木在 画笔 模块中。利用画笔功能可以在舞台上画出图案。每个角色都可以绘制,绘制时以角色中心点作为画笔使用。本节涉及的积木以及扩展部分见表3.4。

表3.4 本节知识相关的画笔积木

工 具	功能介绍
清空	清空舞台中所有绘制的效果
落笔	表示画笔开始落下,当画笔角色开始运动时,舞台会出现绘制轨迹
抬笔	当抬起画笔后,画笔失去绘制作用
将画笔的颜色设定为 ■	用来设置笔迹的颜色。操作步骤是用鼠标单击积木中的红色部分,待鼠标指针变成 "手" 的样子,移到想要变的颜色上即设置颜色完成
将画笔颜色增加 10	在画笔初始颜色上进行颜色变化,数字是变化的量度
将画笔的粗细设定为 1	设置画笔的粗细
将画笔粗细增加 1	增加画笔的粗细,大于 0 变粗,小于 0 变细
图章	复制当前角色到舞台,可结合其他积木使用,比如 移动 10 步

3.1.5 事件的控制

Scratch中角色之间是相互独立的，想让角色之间产生联系，可以利用消息发送机制来实现；同时也可以利用事件响应机制实现角色之间以及角色和外部之间的互动。有关积木介绍见表3.5。

表3.5 本节知识相关的运动积木

工 具	功能介绍
当按下 空格	当键盘空格按下，会触发该积木下面的脚本。也可以在下拉列表中选择其他触发按键
当角色被点击时	当角色被单击，会触发该积木下面的脚本
当背景切换到 背景1	切换到指定的背景时，会触发该积木下面的脚本
当 响度 > 10	麦克风接收到的声响达到某个值，开始执行它下面的脚本。下拉列表中还有 [计时器] 和对 [视频移动] 的触发
广播 消息1	角色发出消息到所有角色，该消息可被其他角色接受。具体操作是选择下拉列表，然后利用 新消息… 来创建具体的消息
广播 消息1 并等待	发出消息后，脚本会处于等待状态，直到其他角色接收消息并执行完毕，才继续执行该积木下的其他脚本
当接收到 消息1	当接收到某个消息时，触发它下面的脚本

3.1.6 实现角色互动的方式

角色之间可以产生互动的效果，可以参考如下3种实现互动的方式。

1. 利用消息产生互动

这种方式利用发送消息以及事件响应积木完成，相关积木在 事件 中。在图3-3中展示了猫咪和猴子的对话，相关实现脚本见图3-4。

对话过程中，由猫咪先说话

猴子在收到猫咪发出的消息广播后，做出回应。这两个角色来自角色库

图3-3　猫咪和猴子的对话

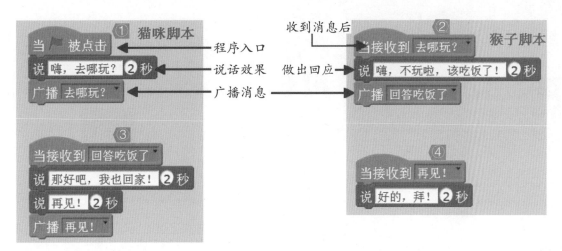

图3-4　对话脚本实现

图3-4中红色数字1~4是执行的流程，也是谈话的顺序，这里为了展示出更真实的效果，使用了先说话后广播消息的方式。实际上广播积木是用来播放消息的，只需配合消息接收积木使用即可。

> 提示▼　消息的广播不是单独地发给某个角色，而是作品内所有角色包括背景都会得到这个消息。

2. 利用变量来实现互动

如果说第一种方式比喻成是小区内以喇叭广播的方式告知大家消息，那么第二种方式就可以把"变量"比喻成小区内的公告牌，这种方式只是角色主动地判断变量的值是否到达临界值，然后才采取行动。具体实现过程参考表3.6。

表3.6 利用变量实现角色互动

角 色	脚 本	说 明
任何角色都可以		为了让所有角色都能访问变量，创建时选择"适用所有角色"
		脚本右边3个黄色矩形框是为指定积木添加的注释。添加方法是在需要添加注释的积木上右击，在弹出的快捷菜单中选择选项，见下图:
		积木在整个脚本中有着不可替代的作用，例如，程序中某些脚本需要多次执行，但又不希望重复写这些代码，那么利用它以及它的那些变种积木可以实现这些功能。与它功能相似的还有 ，该积木可控制重复执行的次数

重点▼ 程序中添加注释是一个好习惯，因为程序不仅自己看，别人也需要看，要想快速看懂别人的程序，注释是一个非常好的帮手。此外，程序一旦写完，很可能再隔几个月才能再次阅读，那么有些难懂的地方可以借助当时添加的注释快速理解。

练一练：将程序中的 将 吃饭标识 增加 1 替换成 将 吃饭标识 设定为 0 ，并实现同样的效果。

3.利用时间实现互动

利用时间实现互动的原理类似我们日常中的巧遇，也就是在某个时刻，每个角色都做了该做的事，那么在程序运行时，就会展现出互动的效果。这种方式适合于用前两种方式不太容易实现的程序。有关实现方式见图3-5。

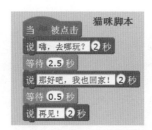 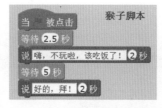

图3-5 利用时间实现互动效果

如果用一个时间分布图来描述它们两者的时段分布，可参考图3-6。图中的时间轴表示整个程序执行了11.5秒。猫咪和猴子分别在不同的时段出现说话效果，其中黑色实线表示在说话中，而虚线表示在等待。两者相结合到一起，就出现了交互的效果。在时间比较精确的动画场景中这种方式也不失为一个好选择。

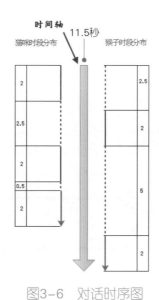

图3-6 对话时序图

3.2 画笔的使用

有关画笔常用的积木在3.1.4小节已经做了介绍，本节将介绍如何使用画笔进行绘制操作。

3.2.1　绘制一条虚线

画笔实际上是角色的中心点，绘制虚线的实现脚本和效果见图3-7。

图3-7　绘制虚线

思考：1. 清空积木为什么不放到脚本的结尾，放到程序前端的作用是什么？

2.如果只想看到绘画的线段而不想看到猫咪，该如何做？（提示：在一个角色上可以存在多个 当 被点击 ）

3.2.2　绘制三角形

Scratch在每个方向上都可以用两个角度来表示，具体可参考图3-8。

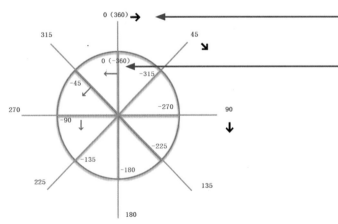

黑色箭头所指方向角度从0°～360°

红色箭头所指方向角度从0°～-360°

这意味着在相同方向既可以使用黑色角度表示，也可以用红色角度表示，315°和-45°是同一个方向

图3-8　每个方向的角度

可用角色信息验证一下以上各个对应的角度方向是否相同，具体操作可参考图3-9。

图3-9　角色信息中的方向

下面使用画笔来完成一个等边三角形，具体代码和效果见图3-10。

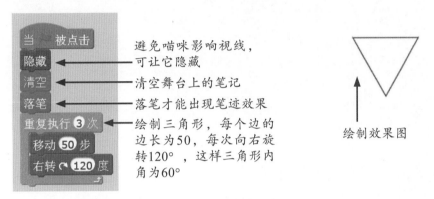

图3-10　绘制等边三角形

等边三角形的每个角都是180°/3=60°，每画出一个角，都需要角色（画笔）朝向转180°-（180°/3）=120°，这样运动的轨迹就构成了三角形，运动过程见图3-11。

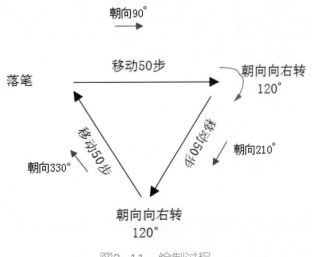

图3-11　绘制过程

3.2.3　绘制旋转的风车

到目前为止，已经绘制出了一个三角形。利用三角形还可以绘制出更多的效果，例如旋转的风车，风车本质是旋转的三角形，即把上面的三角形重复绘制多次，并且每次都旋转一定的角度，绘制出来的图形可参考图3-12。

图3-12　待绘制图形

图3-12中的图形都是复合图形，也就是整个图形由小的三角形构成，在写脚本时需要嵌套操作，具体实现脚本见图3-13。

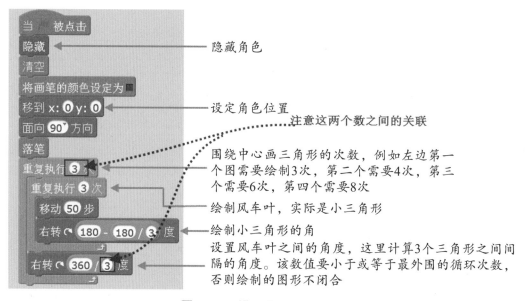

图3-13　组合图形绘制脚本

说明▼　隐藏角色是为了看清楚画笔效果，虽然把角色隐藏了，但在画笔作用下，它的运动轨迹依然会被画出来。利用 显示 积木，还可以让角色再显示出来。

练一练：尝试绘制下面的图形：

代码提示：

3.2.4　按要求绘制多边形

假如画图的时候能按照我们的要求进行绘制，那该是多么惬意的事。要想实现这种效果，实际上需要实现我们和软件的交互，相关的积木在 侦测 中。程序实现过程见表3.7。

表3.7　互动绘制多边形

角　色	脚　本	说　明
（猫咪）	建立一个变量 多边形边长 绘制边数	创建两个变量，一个叫 多边形边长，用来存放多边形的长；另一个叫 绘制边数，用来存放多边形的边数
（猫咪）	当 被点击 询问 绘制几角呢？ 并等待 ① 将 绘制边数 设定为 回答 询问 请填写边长！ 并等待 将 多边形边长 设定为 回答 ② 广播 开始绘制	① 在 询问 What's your name? 并等待 积木中填写"绘制几角呢？"，运行时会弹出一个对话框，等待用户回答，用户回答的内容被存储在 回答 中。 ② 利用自定义变量中的 将 多边形边长 设定为 0 积木将 回答 中的内容存储到变量中，以便其他积木使用
（猫咪）	当接收到 开始绘制 隐藏 清空 落笔 重复执行 绘制边数 次 移动 多边形边长 步 右转 360 / 绘制边数 度 抬笔	当接收到 广播 开始绘制 发送的消息后，开始执行绘制操作

提示▼ 这段程序仅有一个角色，就是猫咪。广播发送的消息不仅其他角色可以收到，本角色也可以收到。

3.3 作品制作前的思考

3.3.1 场景设想

心事重重的吉迦在野外散步，意外地遇到了乘UFO而来的外星人导师，导师见吉迦不开心便下来问候他，经过短暂谈话，导师答应帮助吉迦提升自己的能力。

3.3.2 思路引导

完成一个作品的思路不一定一次就很完美，都是在实现作品的过程中不断改进，直到自己满意为止。所以，在着手开发程序时，不妨把简单的先做出来，然后再一点点思考如何实现复杂的部分。有关本场景的实现思路可参考图3-14（仅供参考）。

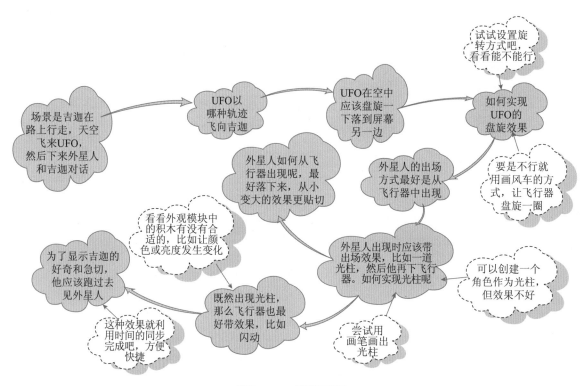

图3-14 思路引导

3.3.3　技术难题突破

在本场景中可能遇到的问题以及解决方法可参考表3.8。

表3.8　场景技术难题及解决方案

技术难题	解决方案	涉及的积木
飞行器出场后以平滑的方式在空中盘旋一圈	盘旋前先设定朝向,然后以画风车的方式让飞行器出现盘旋效果。设定朝向目的是让飞行器盘旋效果看起来更平滑	面向 -102° 方向 在 1 秒内滑行到 x: 90 y: 120 重复执行 30 次 　左转 12 度 　移动 10 步 　等待 0.08 秒
光柱效果	利用画笔来实现	重复执行 20 次 　将画笔粗细增加 2 　移动 5 步
在光柱出现同时,飞行器颜色不断变化,最终变回原色	利用特效更改积木实现	重复执行 10 次 　将 颜色 特效增加 25 重复执行 10 次 　将 颜色 特效增加 -25

3.4　实现吉迦的奇遇

3.4.1　作品需要的元素

本场景需要的元素见表3.9。

表3.9　场景包含的元素

元　素	说　明	相关操作
	程序背景。 从 Scratch 背景库 主题 / 太空 中选取 space	新建背景 ——

续表

元　　素	说　　明	相关操作
	飞行器角色。 该角色需要从本地文件上传至作品中。该素材本书会提供给读者	新建角色：◆ / ☁ 🖼 📷
	导师角色。 从 Scratch 角色库 主题 / 太空 中选取 Robot1，并把它的造型进行"左右翻转"设置	脚本 造型 声音 ... 新造型：◆ / ☁ 📷 robot1 137x134 变成 新造型：◆ / ☁ 📷 robot1 137x134
画笔	画笔，理论上用任何角色都可以做画笔，这里用造型中的画笔来画一个点，作为画笔角色	新建角色：◆ / ☁ 📷 造型 ✏ 画出 ■
	吉迦角色。 从角色库 主题 / 太空 中选取 Giga walking。为什么不选 Giga 作为角色，因为 Giga walking 有走步的造型，适合我们的作品	

3.4.2　作品的执行流程

作品执行的主要流程见图3-15。

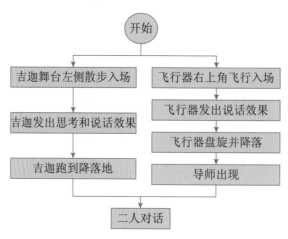

图3-15　程序执行流程

3.4.3 作品实现

整个场景可分成4部分：即飞行器的入场和飞行效果、导师的出现、吉迦的入场以及外星人导师和吉迦的对话。他们之间的互动效果是利用了时间的分布以及广播消息机制来完成。

① 有关飞行器的相关脚本见表3.10。

表3.10 飞行器角色代码

元 素	元素对应的脚本	说 明
		①这部分脚本主要作用是飞行器的入场操作，最终位置是舞台的（90,120）点。 ②这部分脚本作用是让飞行器做盘旋飞行。需要在角色左上角单击 ，进入角色属性设置界面，把旋转模式设置为"左右翻转"。 ③完成舞台上的一个回旋飞行。 ④光柱出现时，飞行器变色特效
		这部分代码在与飞行器入场时段同时执行，效果是飞行器由小变大，好像由远及近飞行
		在飞行过程中出现说话效果
		为飞行器和导师的出现添加音效

单击 ▶ 运行程序后，每个角色中凡是有 当 被点击 的脚本都会同时执行，因此该表中的3段脚本会同时执行。

② 有关画笔的相关脚本见表3.11。

表3.11 画笔角色代码

元　素	元素对应的脚本	说　明
画笔	当接收到 光▾ ① 隐藏 移到 x: 153 y: -7 面向 180° 方向 清空 ② 将画笔的颜色设定为 将画笔的粗细设定为 10 落笔 重复执行 20 次 　将画笔粗细增加 2 　移动 5 步 ③	①把画笔角色隐藏，并设置初始位置，画笔运动方向向下。 ②清空舞台笔迹，设定画笔颜色以及画笔粗细，并开始落笔。 ③利用画笔画出上细下粗的光柱
	当接收到 光消失▾ 清空	当接收到 光消失 的消息后，清空舞台笔迹

😀 思考：表格中，第2段代码中的 清空 积木是否必须要存在？

答案▼ 如果在3段代码后没有 抬笔 积木，那么第2段中的清空操作就是必需的，除非程序只执行一次，因为第二次执行程序时画笔在移到指定位置时，会画出笔迹。

③ 有关吉迦的相关脚本见表3.12。

表3.12 吉迦角色代码

元　素	元素对应的脚本	说　明
	当 ▶ 被点击 移到 x: -250 y: -111 重复执行 40 次 　等待 0.1 秒 　下一个造型 　移动 5 步	以走步的方式入场

续表

元　素	元素对应的脚本	说　明
	当 ▶ 被点击 等待 **1** 秒 思考 怎么才能变强呢… **2** 秒 等待 **4** 秒 说 哇，那是什么？ **4** 秒	边走动边思考。在看到飞行器时发出感叹
	当接收到 光消失 重复执行 **20** 次 　下一个造型 　移动 **5** 步 广播 giga跑过来	当光柱消失，吉迦跑到导师面前时，发送广播消息
	当接收到 问需要帮助吗 等待 **0.5** 秒 说 能让我变强么？ **2** 秒 等待 **1** 秒 广播 说让我变强可以么	接收到广播发送的消息 问需要帮助吗 时，产生回应
	当接收到 要求进行测试 等待 **0.5** 秒 说 好的！！ **2** 秒	接收到广播发送的消息 要求进行测试 时，产生回应

④ 有关导师的相关脚本见表3.13。

表3.13　导师角色代码

元　素	元素对应的脚本	说　明
	当 ▶ 被点击 隐藏 将角色的大小设定为 **20** 移到 x: **145** y: **-20** 将 透明 特效设定为 **100**	设置导师初始大小和位置，并将他设置为透明、隐藏

续表

元　素	元素对应的脚本	说　明
	当接收到 光 等待 1 秒 显示 重复执行 20 次 　将 透明▼ 特效增加 -5 　将 y 坐标增加 -4.5 　将角色的大小增加 2 广播 光消失	当收到广播消息 光 后，角色开始从透明变为不透明，变大，向下移动。实现效果是该角色从飞行器中落下
	当接收到 giga跑过来▼ 说 需要帮助吗? 2 秒 广播 问需要帮助吗	实现吉迦跑过来后，导师首先说话
	当接收到 说让我变强可以么▼ 说 没问题，但需要先对你的潜质进行测试! 1 秒 等待 1 秒 说 测试通过才能帮你提高自己! 2 秒 广播 要求进行测试▼	以收到广播消息作为触发点，实现导师和吉迦相互对话的效果

3.5 课程拓展

完成作品：不断冲锋的小鸟在飞行过程中呼喊"我要自由地飞…"。

训练提示：导入角色Parrot2，参考以下脚本：

当 被点击
将旋转模式设定为 左-右翻转
重复执行
　下一个造型
　在 0.2 秒内滑行到 x: 在 50 到 200 间随机选一个数 y: -12
　等待 0.05 秒

当 被点击
重复执行
　等待 4 秒
　说 我要自由地飞… 2 秒

第4课　智能的幻方

【吉迦的任务】

- 学习侦测积木和克隆积木的用法。
- 了解常见查找代码错误的方法。
- 随内容完成会分身的猫咪，实现效果见图4-1。
- 学习奇数阶幻方实现原理，并利用程序实现本章主要作品——智能的幻方，作品运行效果见图4-2。

图4-1　分身的猫咪

案例效果展示

图4-2　智能幻方

案例效果展示

4.1　预备知识

4.1.1　常用侦测积木

在"积木分类区"的 **侦测** 模块中包含了很多和数据侦测相关的积木。常用的积木说明见表4.1。

表4.1　常用侦测积木

工　具	功能介绍
碰到 鼠标指针 ？	侦测当前角色是否碰触到下拉列表中的元素
碰到颜色■？	侦测当前角色是否碰到某个指定的颜色

续表

工　具	功 能 介 绍
颜色 碰到 ?	侦测一种颜色是否碰触到了另一种颜色
到 鼠标指针 的距离	侦测当前角色到下拉列表中元素的距离，分别侦测 X 轴和 Y 轴的距离
询问 What's your name? 并等待	在运行程序时弹出一个对话框，等待用户的回答，答案自动存储到 回答 中
回答	存储 询问 What's your name? 并等待 返回的结果，当前面复选框被勾选，则它存储的数据会显示在舞台上
按键 空格 是否按下？	侦测积木中下拉列表中的某个按键是否被按下
鼠标键被按下？	侦测鼠标是否被按下
鼠标的x坐标	存储了鼠标当前的 X 轴坐标
鼠标的y坐标	存储了鼠标当前的 Y 轴坐标
响度	能获取当前麦克风输入的响度。勾选复选框时，响度会以数字的方式显示在舞台上
计时器	记录打开软件的时间，从 0 开始，可配合 计时器归零 使用，例如在运行程序时让计时器归零，有助于看到程序运行过程中每个时刻运行的代码位置
计时器归零	设置 计时器 的计数归零
X 坐标 对于 Giga walking	前面下拉列表是属性，后面下拉列表是角色，可以获取两者的相对值。可配合运算积木使用，例如 x 坐标 对于 Giga walking + 10 ，该积木截图中的含义是在角色 Giga walking 所在的 X 轴的当前位置再增加 10 的位置

> **提示▼** 侦测模块中的积木通常都与"控制""运算"等模块中的积木组合使用。从这些模块的外形也能观察出来，它们很多都是需要嵌套到其他积木中才能发挥效用。

4.1.2 克隆功能

在"积木分类区"的 控制 模块中包含与克隆相关的积木，利用克隆功能可以使用少量角色来完成复杂的功能。相关积木见表4.2。

表4.2　本节涉及和常用的外观积木

工　具	功能介绍
当作为克隆体启动时	假如某个角色的克隆体运行时，可以使用该积木作为运行入口。该积木只能在被克隆的角色中使用
克隆 自己	克隆下拉列表中的元素
删除本克隆体	目前克隆数量限制为 300 个，为了避免资源的浪费，因此可以利用该积木删除多余的克隆体，为下次克隆操作提供空间

克隆积木可以针对作品内的任何元素使用，在克隆行为发生的那一刻开始，产生出来的克隆体会继承原角色的所有属性，例如当前的造型、位置、特效等。克隆体的运行不以 当 被点击 为入口，而是以 当作为克隆体启动时 为入口。

4.1.3　会分身的猫咪

实现分别往四个方向移动的猫咪，每个猫咪以说话的方式报出自己的ID号。相关步骤如下：

① 创建猫咪角色（默认角色即可）的私有变量CATID，见图4-3。

② 编辑脚本，相关脚本见图4-4。

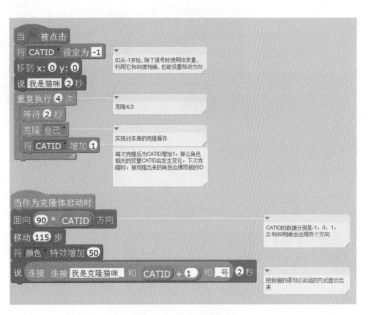

新建变量

变量名：CATID

○ 适用于所有角色　● 仅适用于当前角色

确定　取消

图4-3　创建私有变量　　　　图4-4　角色脚本

其中 连接 hello 和 world 可以相互嵌套，把语句连接到一起，组成要表达的语句。程序执行效果见图4-5。

图4-5 执行效果

思考：比较图4-4中脚本和图4-6中脚本的差别。

图4-6 比较脚本

4.2 作品制作前的思考

幻方是古老的数学问题，要求各行、列、对角线的数字和相同，分为奇数阶幻方和偶数阶幻方。吉迦只需利用程序完成3阶幻方的填写即可完成本次任务。

4.2.1 场景设想

依据口诀，实现3阶幻方自动填写程序，见图4-7。

图4-7 预期效果

4.2.2 原理剖析

3阶幻方是行和列分别为3个方格，一共需要填写1~9个数字，要求行、列、对角线上数字和都一样，也就是15。依据前人的智慧，利用一段口诀（罗伯法）可以实现一种填写方式。该口诀为"一居上行正中央，依次斜填切莫忘；上出框时往下填，右出框时左边放；排重便在格下填，右上排重一个样"。针对这段口诀的理解可参考以下几点：

（1）一居上行正中央：如果要填写的数字是1~9，那么1需要填写到幻方上方第一行的中间部分。

（2）依次斜填切莫忘：数字需要连续依次填入方格，填写方向是斜向上，即往右上角的方向填写数字。

（3）上出框时往下填：在填写数字时，如果斜上方向超出了幻方的范围（要求不是右上角超出范围），那么该数字需要填写到超出范围时对应的那列的最下方。演示参考图4-8。

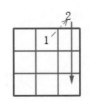

图4-8 上出框演示

按照填写方法，数字2应该填写到虚线所指位置，但它从幻方上方出了方框的范围，因此数字2实际落脚处应在实线箭头所指的方格，也就是右下角的那个位置。

（4）右出框时左边放：如果数字从右边方框超出了范围，则需要把该数字填写到超出范围时对应的那行的最左边。演示参考图4-9。

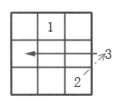

图4-9　右出框演示

按照填写方法，数字3应该填写到虚线所指位置，但它从幻方右边出了方框的范围，因此数字3实际落脚处应在实线箭头所指的方格，也就是中间行最左边那个位置。

（5）排重便在格下填：数字填写有先有后，那么会出现一种情况，就是斜上方向填写时有可能待落方格已经有数字了，那么此时待落数字需要在上个数字所在方格的下面填写。演示参考图4-10。

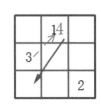

图4-10　排重演示

依口诀，数字4（待落数字）应该填写到数字1所在方格，但该方格已经被数字1占用，那么此时数字4应该落到数字3所在位置的下方，也就是实线箭头所指位置。

（6）右上排重一个样：填写数字时，除了上方，右方超出方框范围，还可能从方框右上角超出方框范围，那么一旦从右上角超出了方框，则处理方式和"排重"时一样，也就是放到前个数字位置的下方。演示参考图4-11。

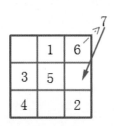

图4-11 右上角超出方框

依口诀，数字7应该填写到虚线所指位置，但它从右上角超出了方框，那么数字7实际应落到实线箭头所指方格。

最后，幻方填写完成的效果可参考图4-12。

8	1	6
3	5	7
4	9	2

图4-12 幻方完成

 说明 口诀前两句是填写的总纲，说明了起始填写位置以及填写方法，其他几句都是对填写时发生"意外（或称为特殊情况）"的处理方式。

注意 填写幻方并非只有这一种方式，因此检测幻方是否填写成功需要以行、列、对角线各数字和是否相等为标志，而不应该以每个数字是否落在哪个确定的位置为依据。

4.2.3 思路引导

前面介绍了填写奇数幻方的口诀，如何利用程序代码实现该口诀还需要我们思考。实际上口诀中需要重点考虑的地方是如何处理那几种"特殊情况"的发生，进而需要解决如何用代码来分辨每种"特殊情况"。像这种分辨不同情况的代码多数需要利用"如果…那么…"积木以及它的几个衍生积木才能达到目标效果。有关本程序的思考方向可参考图4-13。

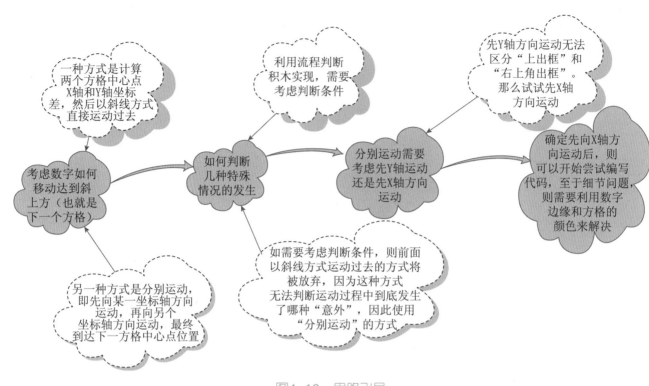

图4-13　思路引导

思路引导是整体上的思路，没有涉及细节，帮助同学快速投入到程序思考中。

4.2.4　难点突破

该作品需要解决的问题可参考表4.3。

表4.3　场景技术难题及解决方案

技 术 难 点	解 决 方 案	涉 及 的 积 木
如何分辨各种不同的"意外"	利用条件判断以及流程控制来实现	利用 **控制** 和 **侦测** 中的部分积木来实现
是否把9个数字都作为角色来使用	只需要其中一个数字作为角色，其他几个作为该角色的造型，并利用克隆操作来实现9个数字都出现在舞台，但角色区只需要一个数字角色出现	从本地文件上传角色，以及 **控制** 中的克隆积木
每次数字滑行距离	设置方框为正方形，计算方框每个表格的长度，移动时只需要根据方格数乘以每个表格的长度就能获得移动距离	**运算** 中的部分积木

4.3 实现自动填写幻方

作品包含两大部分，一部分是吉迦和导师的对话部分，另一部分是幻方填写。

4.3.1 作品需要的元素

本场景需要的元素见表4.4。

表4.4 场景包含的元素

元 素	说 明	相 关 操 作
	吉迦角色。 从角色库 主题 / 太空 中选取 Giga walking	
	导师。 从 Scratch 角色库 主题 / 太空 中选取 Robot1，并把它的造型进行"左右翻转"设置	
	幻方表格。 从【本地文件中上传角色】按钮添加该幻方表格角色。该素材将随书赠送	
	1～9 个数字。 从【本地文件中上传角色】按钮添加一个数字作为角色。该素材将随书赠送。然后再添加其他数字作为该数字角色的造型，要求造型编号和数字一一对应	这是增加数字造型的操作

4.3.2 作品中需要的积木

作品中使用的主要积木见表4.5。

表4.5 作品中使用的主要积木

工　　具	说　　明	备　　注
重复执行 10 次	设置重复执行 8 次。第一个数不在重复执行操作内，一共 9 个数，因此需要重复执行 8 次	
如果 那么 否则 如果 那么	相互嵌套，结合侦测积木，完成流程的控制	
碰到颜色■？	当前角色碰到指定颜色时，该积木返回 true，结合上面的流程控制积木使用	用鼠标单击蓝色的凹槽，出现"手"的图标时，挪动鼠标到另一个颜色上，再次单击鼠标，完成一次颜色设置
颜色■ 碰到 ■？	当两种指定的颜色碰触时，返回 true，该积木结合流程控制积木使用	
克隆 自己	因为只引入了一个数字作为角色，而我们需要 9 个数字展示到舞台，因此利用克隆可以获得 8 个角色副本，再利用造型切换，可获得 9 个数字展示到舞台的效果	
下一个造型	完成造型的切换	因为数字面值和它的造型编号是一一对应的，因此切换下一个造型会出现数字增加 1 的效果
移至最上层	当前角色上移图层操作	有时候由于导入角色的先后顺序不同，部分角色可能被覆盖，为了让角色能正常地显示到舞台，可对被覆盖的角色进行上移图层的操作
●+● 和 ●*●	用来计算数字移动的距离	
在①秒内滑行到 x:-7 y:6	让数字滑动，结合上面的计算积木使用	
x 坐标 和 y 坐标	获取当前造型的当前位置坐标	

4.3.3　作品的执行流程

作品执行的主要流程见图4-14。

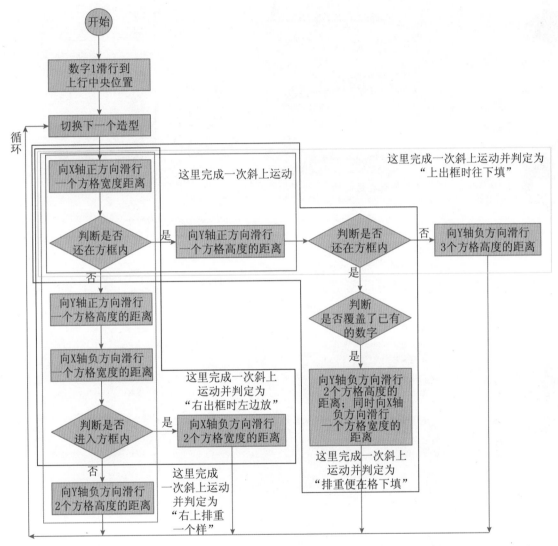

图4-14　执行流程

4.3.4　吉迦和导师的对话

整个作品可分成两个场景，本节实现吉迦和导师的对话场景。相关实现参考表4.6。

表4.6 对话场景实现

元 素	元素对应的脚本	说 明
	当 被点击 说 帮你你提升实力前，需要你通过几个测试！ 2秒 等待 1秒 说 第一个测试就是完成这个最简单的3阶幻方！ 2秒 ① 等待 1秒 广播 提出测试题目 当接收到 填写完成 说 恭喜！你通过本次考验！！ 2秒 ②	① 该代码表示导师首先开始说话，并广播消息。 ② 该代码是当幻方填写完成时，接收到"填写完成"消息后，提示过关
	当接收到 提出测试题目 说 哎呀，这个我也不会呀... 2秒 广播 giga不会	
	当接收到 giga不会 说 别急，给你一点点提示... 2秒 等待 1秒 说 请记好这几句口诀，按照口诀来填充数字到方格内！ 3秒 等待 2秒 说 一居上行正中央 2秒 等待 1秒 说 依次斜填切莫忘 2秒 等待 1秒 说 上出框时往下填 2秒 等待 1秒 说 右出框时左边放 2秒 等待 1秒 说 排重便在下格填 2秒 等待 1秒 说 右上排重一个样 2秒 等待 2秒 说 按照口诀，你来尝试一下！ 2秒 广播 要求giga尝试口诀	说出口诀，并要求对方尝试
	当接收到 要求giga尝试口诀 说 好的我来试试！ 2秒 等待 2秒 说 开始！ 2秒 等待 2秒 广播 开始填写数字	发送广播消息，开始填写数字

4.3.5 幻方的实现

幻方相关代码参考表4.7

表 4.7 幻方填写实现

元　素	元素对应的脚本	说　明
（九宫格图）	当　被点击 下移①层	下移一层,避免覆盖数字
（数字1图）	当接收到 开始填写数字 移至最上层 显示 将造型切换为 1 在①秒内滑行到 x: -7 y: 86 ① 重复执行⑧次 等待①秒 克隆 自己 下一个造型 ② 在①秒内滑行到 x: x坐标 + 40 * 1 y: y坐标 + 0 ③ 如果 碰到颜色■? 那么 ④ 　在①秒内滑行到 x: x坐标 + 0 y: y坐标 + 40 * 1 　如果 碰到颜色■? 那么 ⑤ 　　在①秒内滑行到 x: x坐标 + 0 y: y坐标 + -40 * 3 　否则 　　如果 碰到颜色■? 那么 ⑥ 　　　在①秒内滑行到 x: x坐标 + -40 y: y坐标 + -40 * 2 否则 　如果 碰到颜色■? 那么 　　在①秒内滑行到 x: x坐标 + 0 y: y坐标 + 40 * 1 　　在①秒内滑行到 x: x坐标 + -40 * 1 y: y坐标 + 0 　　如果 碰到颜色■? 那么 　　　在①秒内滑行到 x: x坐标 + -40 * 2 y: y坐标 + 0 　　否则 　　　在①秒内滑行到 x: x坐标 + 0 y: y坐标 + -40 * 2 广播 填写完成　　　　　　　当　被点击 　　　　　　　　　　　　　隐藏	①数字"1"的目标位置。 ②切换造型就是让下一个数字出现到舞台。 ③这里是当前的X坐标加上一个方格的宽度,Y坐标不变,也就是向右横移一个方格。 ④这里利用方框的背景色判断横移后的数字是否还在幻方方框内。如果在方框内,则执行"那么"里面的代码;否则执行"否则"里面的代码。 ⑤利用舞台背景色判断当前的数字是否在方框外。 ⑥利用数字边框背景色判断当前数字是否覆盖了以前的数字,也就是是否出现了"排重"的情况

> 思考: 将 碰到颜色■? 积木都换成 颜色■ 碰到 ■? 是否影响程序效果? 同学可以自己尝试更换这类积木,查看效果。

4.3.6 有关错误的定位

当程序中积木过多时，难免出现错误，那么就需要定位并排除这些错误。在Scratch中常用的定位错误手段主要有以下几种：

（1）利用 计时器 和 计时器归零 相结合的方式，查看程序执行时间，并结合程序代码中时段间隔来相互比较，以确定某个时段是否在执行合适的脚本。

（2）利用移动类的积木，例如 移动10步 等，当执行到它们时，角色会做出反应，可以让同学一眼看出程序通过了哪个积木。

（3）除了利用移动类积木，也可以利用说话类的积木，例如与 说Hello!2秒 类似的积木也能达到相同效果。

（4）还有就是Scratch中的代码被执行时，代码周围会呈现发光效果，见图4-15。利用这点可以简单直接地看出哪段代码没有执行，也是查找程序错误的一种方式。有时候虽然把积木都连接好了，但代码就是无法有效的执行，可以利用这种方式直观观察，一旦出现这样的情况，可考虑重新连接各积木。

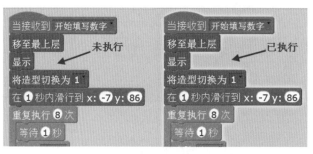

图4-15　未执行和已执行代码的区别

4.4 课程拓展

拓展训练：利用本章学习的知识，尝试修改代码，完成5阶幻方的填写。

拓展训练提示：考虑修改循环次数，每次"特殊情况"发生时，数字移动的格数。

综合提高篇

第5课 获取浮砖中的火烛

导师要求吉迦从隐藏在浮砖中的气球里获取熄灭的火烛，如果能获得火烛，则这一关通过。为了通过这项考验，吉迦尽量要完成以下几项任务。

【吉迦的任务】

- 📚 掌握如何利用方向键来控制角色的移动。
- 📚 了解如何制作新积木。
- 📚 跟随本章内容，实现寻找迷宫中的老鼠游戏，执行效果见图5-1。
- 📚 跟随本章内容，实现本章主要作品——获取浮砖中的火烛，执行效果见图5-2。

图5-1 寻找迷宫中的老鼠

图5-2 浮砖中的火烛

扫 一 扫

案例效果展示

5.1 预备知识

5.1.1 控制角色的移动

控制角色移动也是人机交互的一种方式，相关积木是 `按键 空格 是否按下?`，该积木凹槽的下拉框中包含了键盘上的各种数字和字母，再配合"流程判断积木"就可以实现我们的目标。例如，利用键盘方向键控制一个猫咪的移动，具体实现步骤如下：

① 从Scratch角色库 分类 / 动物 中选取Cat2角色，并单击 📷，更改Cat2为"猫咪"。

② 为猫咪编写代码，实现控制猫咪移动。相关代码见图5-3。

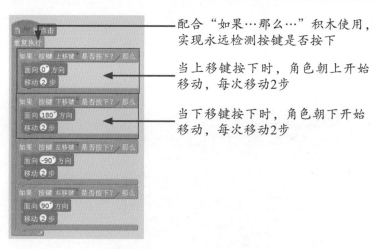

配合"如果…那么…"积木使用，实现永远检测按键是否按下

当上移键按下时，角色朝上开始移动，每次移动2步

当下移键按下时，角色朝下开始移动，每次移动2步

图5-3　控制猫咪移动代码

5.1.2　如何制作新积木

Scratch除了提供众多已经具有一定功能的积木外，还允许用户自己创建积木，只不过需要在已有积木基础上实现创建。单击 **更多积木** 中的 **制作新的积木** 按钮就可以创建新的积木，新积木通常包含名称、参数、标签以及实现它功能的其他积木。创建界面见图5-4。

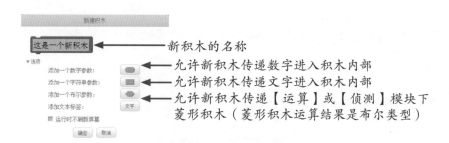

新积木的名称

允许新积木传递数字进入积木内部

允许新积木传递文字进入积木内部

允许新积木传递【运算】或【侦测】模块下菱形积木（菱形积木运算结果是布尔类型）

图5-4　创建新积木

练一练：利用"新积木"功能实现一个具有侦测按键并移动的新积木，具体功能等同于图5-5，但比它更具有通用性。

图5-5　待实现的功能

新积木实现，包含两个步骤：

① 定义新积木，实现过程参考图5-6。

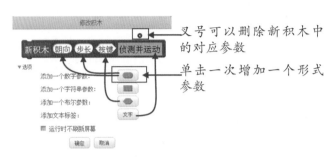

图5-6　新积木头部

创建后包含两部分，具体见图5-7。

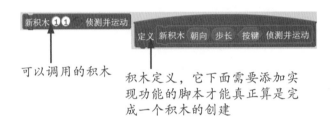

图5-7　定义积木

以上只是实现了一个新积木的头部，或者称为新积木的声明，它包含了新积木的名称和形式参数（用来对真实参数进行描述），没有积木内容。

② 为新积木定义内容，实现功能。具体见图5-8。

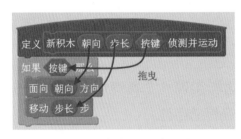

图5-8　定义新积木内容

到此，新积木定义完成，接下来就可以使用了，那么图5-3的代码用新积木如何表示呢？见图5-9。

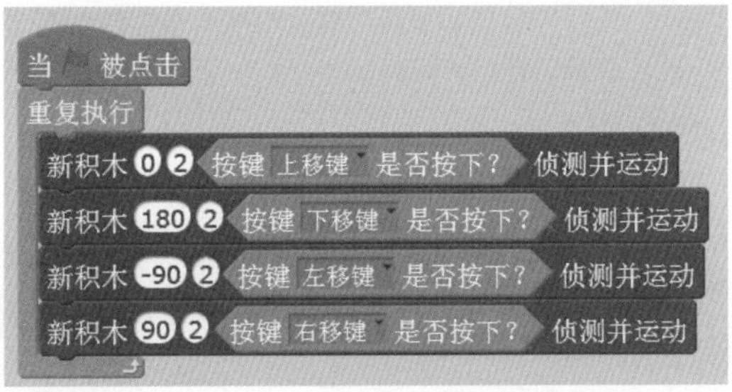

图5-9　控制猫咪移动

可见，创建积木不仅可以实现新功能，也能降低代码数量。移除新积木和移除普通积木一样，都是拖曳到积木列表区完成移除。

说明 “制作新的积木”不一定要有参数，参数只有必要时才使用。

5.1.3　寻找迷宫中的老鼠

既然学会了如何利用方向键控制角色的移动，那么为什么不实现一个小游戏呢？游戏场景设定为：控制猫咪躲避迷宫中的怪物，最终找到老鼠。游戏中相关素材可参考表5.1。

表5.1　迷宫游戏相关素材

元　素	说　明	相关操作
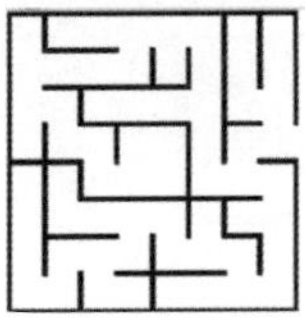	迷宫背景。 单击“从本地文件中上传背景”完成迷宫背景的上传。该素材会随书赠送	
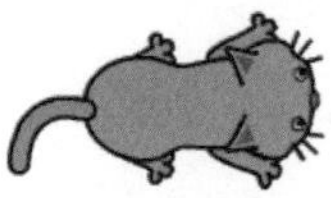	①从 Scratch 角色库 分类 / 动物 中选取 Cat2。 ②在“造型”界面改变猫咪的造型，这样避免尾巴在迷宫中占用太多空间。 ③更改 Cat2 名称为“猫咪”	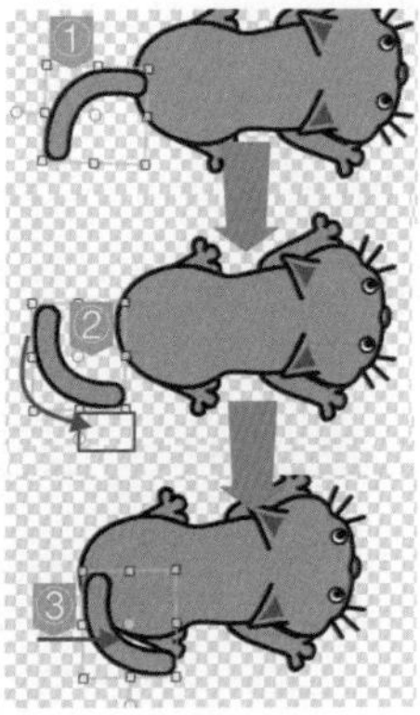

续表

元　素	说　明	相关操作
	①从 Scratch 角色库 分类 / 动物 中选取 Mouse1。 ②更改 Mouse1 名称为 "老鼠"。 ③设置角色大小和位置	把老鼠放置在迷宫的正中心，坐标大约是（-64,10）。选中 大小 用来显示角色的大小，利用 ⊠ ⊠ 按钮对角色大小进行调整，建议为 35，或在代码中利用积木 将角色的大小设定为 35 进行角色大小的设置
	①从 Scratch 角色库 分类 / 奇幻 中选取 Ghost2。 ②更改 Ghost2 名称为 "吓人的怪物"。 ③在 "造型" 界面复制 ghost2-a 造型，然后将新造型设置为 "左右翻转"	复制该造型，会产生一个和它一样的新造型 对新产生的造型进行翻转操作　最后增加的新造型形象
	①从 Scratch 角色库 分类 / 动物 中选取 Ladybug2。 ②更改角色名称 Ladybug2 为 "大蜘蛛"。 ③设置大小和位置	利用积木或鼠标拖曳来设置该角色位置，位置坐标参考（-194,66），大小为 40

迷宫游戏实现代码参考表5.2。

表5.2　迷宫游戏代码

元　素	元素对应的脚本	说　明
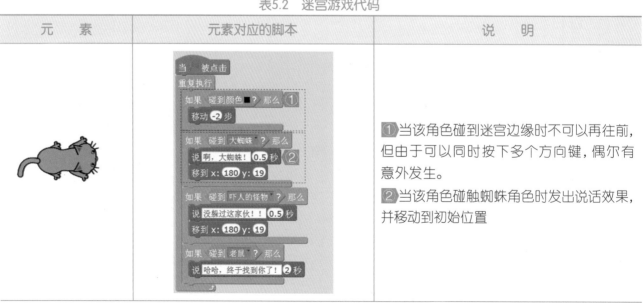		①当该角色碰到迷宫边缘时不可以再往前，但由于可以同时按下多个方向键，偶尔有意外发生。 ②当该角色碰触蜘蛛角色时发出说话效果，并移动到初始位置

续表

元　素	元素对应的脚本	说　明
	当 ▌ 被点击 移到 x: 180 y: 19 重复执行 　如果 按键 上移键 是否按下? 那么 　　面向 0° 方向 　　移动 2 步 　如果 按键 下移键 是否按下? 那么 　　面向 180° 方向 　　移动 2 步 　如果 按键 左移键 是否按下? 那么 　　面向 -90° 方向 　　移动 2 步 　如果 按键 右移键 是否按下? 那么 　　面向 90° 方向 　　移动 2 步	实现按下方向键时,猫咪向着指定的方向移动
	当 ▌ 被点击 移到 x: -194 y: 66 面向 180° 方向 将 透明 特效设定为 100 显示 重复执行 　重复执行 20 次 　　将 透明 特效增加 -5 　　等待 0.4 秒 　重复执行 18 次 　　将 透明 特效增加 5 　　等待 0.06 秒 　隐藏 　等待 2 秒 　显示	设置蜘蛛在固定坐标,不断地呈现"显示 – 隐藏"的效果。当隐藏时,猫咪可以通过该障碍
	当 ▌ 被点击 将旋转模式设定为 左-右翻转 面向 90° 方向 移到 x: 3 y: 68 重复执行 　将造型切换为 ghost2-a2 　在 3 秒内滑行到 x: -107 y: 68 　将造型切换为 ghost2-a 　在 3 秒内滑行到 x: 4 y: 68	让怪物在一定范围不停地活动,充当游戏中的障碍物

程序效果见图5-10。

图5-10　程序运行效果

5.2 作品制作前的思考

5.2.1 场景设想

利用平台上的圆球击打空中的浮砖，并撞击3次气球，令其破碎，掉落熄灭的火烛。

5.2.2 难点突破

本作品主要面临的问题见表5.3。

表5.3　场景技术难点及解决方案

技术难点	解决方案	涉及的积木
提供一个浮砖角色，然后在空中需要出现2行6列的效果	利用克隆积木实现该效果	当作为克隆体启动时 克隆 自己 删除本克隆体
当球击中浮砖时有关反弹方向的判定	把浮砖的上下面和左右面进行区分，例如在造型区绘制 ▇ 效果作为浮砖，然后归纳总结各种反弹可能	制作积木 反弹 。 在 1 到 10 间随机选一个数 与 如果 那么

有关球运动方向以及反弹方向可以参考图5-11。图中相同颜色的线段表示前进方向相同。对圆球可能撞击的位置以及反弹方向进行总结，可以简单归纳为撞击在浮砖上下两侧的圆球反弹方向可用"(180-反弹前的运行方向)"来计算；而撞击在浮砖左右两侧的圆球反弹方向可用"(-1*反弹前的运行方向)"来计算，即撞击前向45°方向运行，撞击后则可认为向-45°方向反弹。

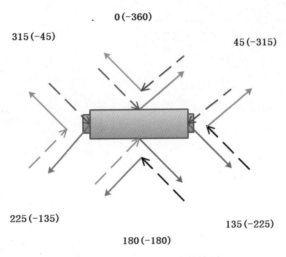

图5-11　运行及反弹轨迹

5.3　浮砖中取火烛实现

5.3.1　作品需要的元素

该作品中涉及的元素见表5.4。

表5.4　场景中的元素

元　素	说　明	相关操作
	程序背景。 从 Scratch 背景库 分类 / **户外** 中选取 blue sky	新建背景 →

续表

元　素	说　明	相关操作
	角色名改为"气球"。 从 Scratch 角色库 分类 / 物品 中选取 Balloon1，并在造型区选择 balloon1-c 作为角色展示造型	
	角色名改为"火烛"。 从 Scratch 角色库 分类 / 物品 中选取 Candle，并编辑它的第一个造型，把火焰去掉	按键盘 Del 键 → 取消 组合 →
	角色名设定为"反弹平台"。 绘制一个新角色，用画笔画出一个实心矩形作为平台	造型1 画出
	角色名改为"球"，用来碰撞浮砖的球。 从 Scratch 角色库 分类 / 物品 中选取 Ball	
	角色名设定为"浮砖"。 仿照画平台的方式，新增浮砖角色	

5.3.2　作品实现

该作品可分成3个场景来实现，实现每个场景的相关步骤如下：

① 浮砖相关。该角色需要以2行6列的方式进行排列，并且在碰到"球"角色后发出碰撞的声音，具体代码见表5.5。

表5.5 浮砖排列场景实现

元 素	元素对应的脚本	说 明
	当 ▶ 被点击 隐藏 移到 x: -182 y: 123 ① 将角色的大小设定为 140 重复执行 6 次 ② 　克隆 自己 ▾ 　将x坐标增加 72 移到 x: -182 y: 123 将y坐标设定为 86 ③ 重复执行 6 次 　克隆 自己 ▾ 　将x坐标增加 72	① 设置"浮砖"角色的初始位置。 ② 对"浮砖"进行克隆操作，每个角色副本把 X 轴坐标增加72，这样实现向右排列。 ③ 第二行浮砖的 Y 轴坐标
	当作为克隆体启动时 显示 重复执行 　如果 碰到 Ball ▾ ? 那么 　　播放声音 啵 ▾ 　　删除本克隆体	当浮砖作为克隆体运行时，如果检测到它碰触圆球，则删除当前克隆出来的浮砖，同时发出声音

② 反弹平台相关。该角色随方向键的按下而移动，具体代码见表5.6。

表5.6 反弹平台相关实现

元 素	元素对应的脚本	说 明
	当 ▶ 被点击 移到 x: -42 y: -165 重复执行 　如果 按键 左移键 ▾ 是否按下? 那么 　　将x坐标增加 -15 　如果 按键 右移键 ▾ 是否按下? 那么 　　将x坐标增加 15	当程序运行时不间断检测左、右两个方向键是否按下，当按下时将平台进行对应方向的移动操作

③ 气球和火烛相关。根据场景设想，当圆球第3次碰触气球时，火烛出现并掉落。每次碰

触气球时要求具备缩小再膨胀效果。具体代码见表5.7。

表5.7　气球以及火烛相关实现

元　　素	元素对应的脚本	说　　明
	建立一个变量 □ 气球X位置 □ 气球Y位置 □ 气球被碰到的次数	创建 3 个变量,记录气球的坐标以及被圆球碰触的次数
	当 ▶ 被点击 将 气球被碰到的次数 设定为 0 将角色的大小设定为 45 将 气球X位置 设定为 在 -180 到 180 间随机选一个数 将 气球Y位置 设定为 在 120 到 140 间随机选一个数 移到 x: 气球X位置 y: 气球Y位置 显示 重复执行 　如果 气球被碰到的次数 = 3 那么 　　隐藏 　如果 碰到 Ball ? 那么 　　将角色的大小设定为 35 　　等待 0.2 秒 　　将角色的大小设定为 55 　　将 气球被碰到的次数 增加 1	为气球随机获取一个位置,并时刻检测气球是否被飞起的圆球碰触到,当碰触 3 次时,气球隐藏起来。这里之所以获取气球的位置是因为要达到火烛和气球重合的目的。当气球被碰触 3 次,并隐藏时,出现火烛好像从气球中掉落的效果
	当 ▶ 被点击 隐藏 移到 x: 气球X位置 y: 气球Y位置 重复执行 　如果 气球被碰到的次数 = 3 那么 　　显示 　　在 2 秒内滑行到 x: 0 y: 0 　　停止 全部	初始时,火烛隐藏,当气球被击中 3 次,火烛显示,并滑行到舞台中央,此时整个游戏效果全部停止

④　圆球相关。圆球在触发某个按键后从"反弹平台"飞起,并击打浮砖然后再反弹,玩家需要按动方向键来控制"反弹平台",使它能接住圆球,直到火烛掉落。具体代码见表5.8。

表5.8　圆球相关实现

元　　素	元素对应的脚本	说　　明
	制作新的积木 反弹	创建一个新的积木,专门作为判断反弹使用

78

续表

元 素	元素对应的脚本	说 明
	定义 反弹 碰到悬木主体 碰到悬木两边 如果 碰到悬木主体 与 碰到悬木两边 那么 面向 方向 * -1 方向 否则 如果 碰到悬木主体 那么 面向 180 - 方向 方向	根据图5-9归纳出来的规律并以代码实现
	当 被点击 等待 0.5 秒 在 0.5 秒内滑行到 x: -42 y: -140 重复执行 如果 按键 空格 是否按下? 那么 面向 45° 方向 重复执行 移动 10 步 反弹 碰到颜色■? 碰到颜色 ? 碰到边缘就反弹 如果 碰到反弹平台 ? 那么 面向 在 -60 到 60 同随机选一个数 方向 如果 y 坐标 < -158 那么 停止 全部	判断空格键是否按下,当运行程序后,并且空格键按下时,圆球飞起。当碰到指定颜色时,视同碰到浮砖边缘,然后产生反弹动作。当圆球碰触舞台下边界时,视同游戏失败,所有代码停止运行

5.3.3 作品运行效果

作品运行效果参考图5-12。

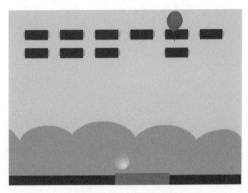

图5-12 程序开始

当从气球中获取熄灭的火烛,视同该程序运行结束。

5.4 课程拓展

（1）当前"反弹平台"左右移动时会进入舞台的边界里，尝试利用代码让它活动范围在舞台中，左右移动时不可以移出舞台边界外。

提示 ▼ 可参考加入以下两段代码：

（2）思考：当前程序获取火烛时，火烛落下的起始位置和气球位置偶尔会不重合，请同学思考这是为什么。

参考答案：因为当程序运行时，每个 当 被点击 中的代码都是同时执行的，由于计算机的原因，积木执行时间会有先后差异，偶尔会出现"火烛"角色中 移到 x: 气球X位置 y: 气球Y位置 积木先于"气球"角色中的 将 气球Y位置 设定为 在 120 到 140 间随机选一个数 积木执行，这样就会出现题目中的问题。如果需要解决，可考虑利用"广播"积木或"等待"积木来实现。

（3）练一练：把控制猫咪移动的代码利用"制作新积木"功能重写一遍，参考5.1.2小节内容。

第6课　利用凸透镜引燃火烛

通过上一个考验我们获取到了熄灭的火烛，由于火烛比较特殊，只有利用地外能源才能重新引燃它。现在导师又要考验吉迦，如何才能令火烛重新燃起，让我们来获取这稀有的火种。

【吉迦的任务】

- 掌握如何利用方向键来控制角色的移动。
- 了解凸透镜成像规律。
- 跟随本章知识，完成本章主要作品——利用凸透镜引燃火烛，运行效果见图6-1。

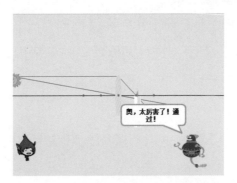

图6-1　利用凸透镜引燃火烛

扫　一　扫

案例效果展示

6.1　了解凸透镜

6.1.1　认识凸透镜

"凸透镜"也俗称为"放大镜"，有对图像放大的效果，我们最常见的就是家里老人用来看报纸的花镜或放大镜，如图6-2所示。

图中具有放大效果的是中间的镜片，镜片的形状有单面凸起或双面凸起，我们以双面凸起的透镜来介绍其特性。双面凸起的透镜可以看成是由

图6-2　放大镜

两个球体相交后重合的部分组成,它包含两个球体的一部分表面,用示意图来表示见图6-3。

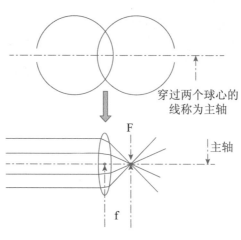

图6-3　凸透镜示意图

凸透镜一旦被制作出来,平行于主轴的光线通过透镜后会汇集到透镜另一侧的某一点,这点被称为透镜的焦点,用字母"F"表示,透镜两侧各有一个焦点;而透镜中心(光心)到焦点的距离被称为焦距,用字母"f"表示。

> **注意**▼ 同学们绝对不可以透过凸透镜看强光源,例如太阳或特别亮的灯,否则极容易对眼睛造成伤害。

6.1.2　凸透镜成像规律

凸透镜有多种成像效果,包括正立、放大的虚像,倒立、缩小的实像,倒立、等大的实像,倒立、放大的实像。具体出现哪种成像效果,需要看物体到透镜的距离和透镜焦距之间的关系,可参考表6.1。这里把物体到透镜的距离称为物距,用字母"u"来表示;物体经过凸透镜后成像的位置到光心的距离称为像距,用字母"v"表示。

表6.1　成像规律

物距和焦距关系	成像性质	像　　距	常见应用
$f>u>0$	正立、放大实像	$v>f$	放大镜
$u=f$	不成任何像		

续表

物距和焦距关系	成像性质	像距	常见应用
$2f>u>f$	倒立、放大实像	$v>2f$	投影设备
$u=2f$	倒立、等大实像	$v=2f$	
$u>2f$	倒立、缩小的实像	$2f>v>f$	眼、照相机

如果用数学知识来描述焦距、物距以及像距之间的关系，那么可以利用以下公式来表示。

$$\frac{1}{u}+\frac{1}{v}=\frac{1}{f}$$

说明▼ 本节可作为补充知识来让同学更多地了解凸透镜。

6.2 作品制作前的思考

6.2.1 场景设想

既然导师要求使用地外能源才能点燃火烛，那么可以利用凸透镜来汇聚太阳的能量，引燃火烛。由于太阳有足够的热量，并且离我们很远，到达凸透镜的光线可以近似地看成平行光线，那么光线透过凸透镜后，会汇聚到另一侧的焦点处。如果把火烛放置在凸透镜焦距附近，当焦距附近温度高于火烛燃点时，即可引燃熄灭的火烛。

6.2.2 难点突破

本作品主要面临的问题见表6.2。

表6.2 场景技术难题及解决方案

技术难点	解决方案	涉及的积木
光线效果的实现，当利用方向键控制光源到透镜的距离时（物距），光线也要不断发生变化，总保持在合理状态	利用画笔实现光线效果。不断清除、落笔来配合光源的不断移动，以达到真实的效果	画笔 模块中的积木

续表

技术难点	解决方案	涉及的积木
光线穿过的位置。整个场景中光线所经过的位置不是随意给出的，需要我们了解原理，给出具体的坐标才能实现真实的效果	选择光源两条特殊的光线，一条为平行光轴的光线，穿过透镜后经过焦点；另一条为穿过透镜光心的光线。 两条光线的焦点就是光源汇聚或成像的坐标。 这两条光线穿过的坐标需要精确计算来获得	主要包括 运动 和 运算 模块中的积木

6.3 作品场景拆分实现

角色较多的作品都可以根据实际情况进行场景拆分，把大场景拆分成小的场景，再分别实现每个小场景，最后完成整个作品。

6.3.1 师生之间的对话

吉迦和导师之间的对话相对简单，素材的导入这里就不再介绍，第3课已有相关介绍。有关两者的代码参考表6.3。

表6.3　师生之间的对话实现

元　素	元素对应的脚本	说　明
(导师角色)	当 被点击 等待 1 秒　　　① 说 来告诉我如何点燃火炬呢！ 2 秒 广播 要求点燃火烛 当接收到 点燃火烛　　　② 说 奥，太厉害了！通过！ 2 秒	① 等待1秒的作用仅仅是当用户单击 ▶ 来运行程序时，不至于该角色马上出现说话效果，避免时间显得过于紧促。 ② 该段代码是当火烛被点燃后，导师发出赞叹的效果
(吉迦角色)	当接收到 要求点燃火烛 等待 1 秒 说 利用凸透镜可以点燃，我来试试！ 2 秒 广播 演示凸透镜聚光模型	当看到导师的要求后，该角色发出说话的效果，并广播一个消息，以启动凸透镜模型

这一小场景实现的效果参考图6-4。

图6-4　师生之间对话实现

6.3.2　凸透镜主轴特殊点划分

在凸透镜的主轴上，焦距、2倍焦距甚至3倍焦距处的坐标都是在作品中可能被使用到的特殊点。本节介绍如何利用代码标记这些点。相关素材见表6.4。

表6.4　主轴特殊点标记所需素材

元　素	说　明	相　关　操　作
	凸透镜。 并非真的凸透镜，是在矢量图模式下用画笔绘制出的椭圆形，用来表示凸透镜	新建角色： 400% 位图模式 转换成矢量编辑模式
	透镜主轴。 也是利用画笔绘制出来的一个角色	在创建该角色时，需要在造型区绘制一条从左边缘到右边缘的横线，并设置中心点在这条线的中间
	标记点。 该角色依然是用画笔绘制出来，只需要一个点即可	绘制点后，需要设置中点在点中央

素材准备好后就可以利用代码实现这个小场景了，相关角色对应代码参考表6.5。

表6.5　主轴特殊点标记代码实现

元　素	元素对应的脚本	说　明
	当 被点击 移到 x: 0 y: 0	主轴的作用是让该场景看上去更有规律，类似一个标尺，因此它只需要通过透镜中心位置即可

续表

元　素	元素对应的脚本	说　明
	当　被点击 移到 x: **0** y: **0**　① 当　被点击 将 **F** 设定为 **40**　②	① 透镜和光轴的位置相互配合，为方便起见就放置到原点即可。 ② 创建一个全局变量，名称为"F"，表示焦距。这里设定焦距为 40
	当　被点击 隐藏　① 移至最上层 等待 **0.1** 秒 将 克隆标记点X位置 设定为 **0** - **F** * **2**　② 重复执行 **5** 次 　克隆 自己 　将 克隆标记点X位置 增加 **F**　③	① 让红点在所有角色的最上层显示。 ② 为当前角色创建变量"克隆标记点 X 位置"用于记录红点在 X 轴的位置，初始位置是原点左侧 2 倍焦距处。 ③ 克隆 5 次，除了第一次，以后每个克隆体 X 轴的位置都会在上一次位置基础上向右移动一倍焦距的距离
	当作为克隆体启动时 移到 x: 克隆标记点X位置 y: **0** 显示	当红色标记作为克隆体出现时，移动到指定的位置并显示

运行该程序，程序效果参考图6-5。

图6-5　特殊标记排列位置

6.3.3　光源场景的实现

在利用凸透镜点燃火烛场景中，光源是必不可少的角色，它到透镜的距离被称为物距，这里我们把光源能移动的范围定为X轴的−240～−40之间。舞台（−40，0）这个坐标点实际上是透镜的左侧一倍焦距处，物距小于一倍焦距不是我们当前场景的考虑范围。该小场景相关素材可参考表6.6。

表6.6　光源素材

元　素	说　明	相关操作
	光源。 从 Scratch 角色库 主题 / 太空 中选取 Sun。 由于场景设想中要求光源是太阳，这里就从角色库中选中了该素材。实际上为了让整个模型显得更清晰，可以使用蜡烛作为光源素材	新建角色： (图)

素材准备好后就可以利用代码实现这个小场景了，相关角色对应代码参考表6.7。

表6.7　光源角色涉及的代码

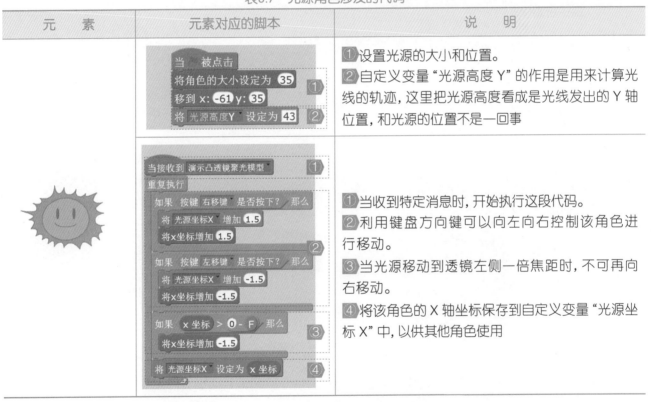

元　素	元素对应的脚本	说　明
	当 ▢ 被点击 将角色的大小设定为 35 移到 x: -61 y: 35 将 光源高度Y 设定为 43	①设置光源的大小和位置。 ②自定义变量"光源高度 Y"的作用是用来计算光线的轨迹，这里把光源高度看成是光线发出的 Y 轴位置，和光源的位置不是一回事
	当接收到 演示凸透镜聚光模型 ① 重复执行 　如果 按键 右移键 是否按下？ 那么 　　将 光源坐标X 增加 1.5 　　将x坐标增加 1.5 ② 　如果 按键 左移键 是否按下？ 那么 　　将 光源坐标X 增加 -1.5 　　将x坐标增加 -1.5 　如果 x坐标 > 0 - F 那么 ③ 　　将x坐标增加 -1.5 　将 光源坐标X 设定为 x坐标 ④	①当收到特定消息时，开始执行这段代码。 ②利用键盘方向键可以向左向右控制该角色进行移动。 ③当光源移动到透镜左侧一倍焦距时，不可再向右移动。 ④将该角色的 X 轴坐标保存到自定义变量"光源坐标 X"中，以供其他角色使用

 思考：本节中"光源高度Y"以及"光源坐标X"的作用是什么？

答案▼ 原因是一个角色不可以直接访问另一个角色的某些属性，只能通过变量才能实现这个功能。

6.3.4 光线场景实现

一个光源可以发出无数条光线，我们只用比较特殊的两条即可。一条是平行主轴的光线，经过透镜后汇聚到焦点处；一条是穿过光心的光线，通过光心的光线方向不会发生改变。利用这两条光线再结合前面几节的内容，就可以实现一个合理的凸透镜模型。

该小场景相关素材可参考表6.8。

表6.8　光线素材

元　　素	说　　明	相关操作
→	平行轴线的光线。 从 Scratch 角 色 库 主题 / 物品 中选取 Arrow1	新建角色：
→	过光心的光线。 从 Scratch 角 色 库 主题 / 物品 中选取 Arrow1	新建角色：

这两个角色在作品中实际是作为画笔使用，因此不需要太复杂，简单就好。

有了素材，平行主轴的光线轨迹实现代码可以参考表6.9。

表6.9　平行主轴光线场景实现

元　　素	元素对应的脚本	说　　明
→ 平行轴线光线	当 ▶ 被点击 ① 隐藏 将角色的大小设定为 15 抬笔 将画笔的粗细设定为 1 ② 将画笔的颜色设定为 ■ 将画笔的亮度增加 10	这个角色作为画笔使用,它的作用是绘制平行主轴的光线。 ① 将角色隐藏,我们只是需要画出来的线段,不需要该角色显示到舞台。 ② 设定角色和画笔的各种属性
	当接收到 演示凸透镜聚光模型 ① 克隆 自己 ② 重复执行 　移到 x: 光源坐标X y: 光源高度Y 　落笔 ③ 　移到 x: 0 y: 光源高度Y	① 当收到特定消息时,开始执行这段代码。 ② 绘制的光线包含两段,一段是光源到透镜,另一段是由透镜到焦点。因此使用了克隆积木,相当于出现两个画笔,每个画笔画一段线。 ③ 这部分代码绘制由光源到透镜的平行主轴的光线

续表

元　素	元素对应的脚本	说　明
平行轴线光线	当作为克隆体启动时 重复执行 　移到 x: ⓪ y: 光源高度Y 　落笔 　移到 x: (F)*(2) y: ⓪ - 光源高度Y	这部分代码实现由透镜过焦距的光线。 通过计算，光线在 X 轴 2 倍焦距位置时，Y 轴应该是负的"光源高度 Y"

过光心的光线轨迹绘制代码实现可以参考表6.10。

表6.10　过光心光线场景实现

元　素	元素对应的脚本	说　明
过光心光线	当 ▶ 被点击 清空 隐藏　　　　　　　　　① 将角色的大小设定为 ⑮ 抬笔 将画笔的粗细设定为 ① ② 将画笔的颜色设定为 ■ 将画笔的亮度增加 ⑩	这个角色作为画笔使用，它的作用是绘制过光心的光线。 ①将角色隐藏。 ②设定角色和画笔的各种属性
	当 ▶ 被点击 重复执行 　将 过中心线位置Y 设定为 (光源高度Y / 光源坐标X) * (F)*(3)	计算该光线在透镜右侧 3 倍焦距处 Y 轴的坐标
	当接收到 演示凸透镜聚光模型 重复执行 　清空 　移到 x: 光源坐标X y: 光源高度Y 　落笔 　移到 x: (F)*(3) y: 过中心线位置Y	这段代码作用是绘制过光心的光线轨迹。 由于两点确定一条直线，所以绘制光线的轨迹需要起点和终点的坐标

光线绘制后的场景实现效果参考图6-6。

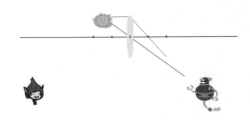

图6-6　初始绘制光线场景

6.3.5 火烛的点燃

当经过凸透镜的太阳光汇聚到焦点附近时，火烛移到该处位置才有可能被点燃，我们现在实现这个小场景。该小场景相关素材可参考表6.11。

表6.11　火烛素材

元　素	说　明	相关操作
	熄灭的火烛。 从 Scratch 角色库 主题 / 物品 中选取 Candle。该角色包含两个造型，修改 candle1-a 造型，去掉蜡烛的火焰，变成熄灭状态	最后按 Del 键，删除火焰

接下来就可以利用代码实现点燃火烛这个小场景了，相关角色对应代码参考表6.12。

表6.12　光源角色涉及的代码

元　素	元素对应的脚本	说　明
	当接收到 演示凸透镜聚光模型 将造型切换为 candle1-a　① 将 是否点燃 设定为 0　② 重复执行 　移到 鼠标指针　③ 　如果 光源坐标X < -220 那么 　　如果 x 坐标 < 45 那么 　　　如果 x 坐标 > 38 那么 　　　　如果 是否点燃 = 0 那么 　　　　　将 是否点燃 设定为 1 　　　　　下一个造型 　　　　　广播 点燃火烛　④	①默认情况下,火烛的造型是熄灭状态的。 ②为了让火烛只出现一次点燃过程,这里设置私有变量"是否点燃",用它作为是否已经点燃火烛的标识。 ③让火烛跟随鼠标移动。 ④先判断当光源是否移动到边缘,因为此时经过凸透镜的光线才可能汇聚到焦点附近。然后火烛的位置在 X 轴 38～45 范围内就可以被点燃

😊 **思考:** 如果考虑火烛在Y轴的范围，如何修改这部分代码?

 可以参考图6-7给出的代码。

图6-7　考虑点燃火烛时Y轴范围

6.3.6　背景的导入

该场景对背景要求不严格，因此可随意导入一个适合当前环境的背景即可，可参考表6.13。

表6.13　背景素材

元　　素	说　　明	相关操作
blue sky2	背景。 从 Scratch 背景库 主题 / 自然 中选取 blue sky2。 背景中不需要添加任何代码	新建背景 →

6.3.7　整个场景的运行效果

有关该场景运行的效果，可参考图6-8。

图6-8　开始运行

6.4 课程拓展

当前代码只给出了5个特殊的点，尝试标记出7个特殊点，并让通过焦距的光线延伸到X轴3倍焦距的位置。

提示▼ 可参考以下两段代码：

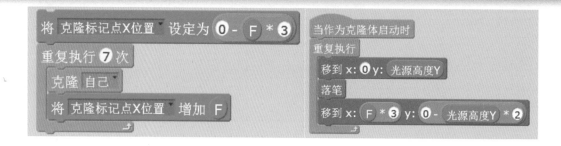

第7课　雨中大作战

导师告诉吉迦，在大草原中，一到雨天，就有只邪恶的怪物出来肆虐行人，要想除掉这只怪物，需要利用地外火种才能成功。于是吉迦接受导师的下一个考验，雨天中，在有限的时间内消灭那只怪物。

【吉迦的任务】

- 了解降雨的原理。

- 跟随本章内容，分步骤完成作品——雨中大作战。运行效果见图7-1。

图7-1　雨中大作战

扫　一　扫

案例效果展示

7.1　作品制作前的思考

7.1.1　场景设想

简单来看，显然舞台的背景是一个绿意葱葱的草原。在草原上，某一时刻下起雨，然后怪物出现，同时能消灭怪物的火种也出现了，最后我们可以操作火种消灭这只怪物。

以上的场景未免有些单调，因此我们可以在这基础场景上加些元素，让场景看起来更饱满也更符合逻辑。因此我们可以把场景细分如下：

（1）背景是绿绿的草原。

（2）草原中的水汽上升，为了更逼真，水汽会从水塘中升起。

（3）当水汽上升一定程度，会出现云彩。

（4）随着时间的推移，普通云彩会变成黑色的雨云。

（5）雨水会从黑色的雨云中落下。

（6）怪物和火种出现在雨天当中。

（7）利用火种消灭怪物，当怪物被火种击中多次时，则宣告火种胜利；如果在规定的时间内没有击中一定次数的怪物，那么就没有通过这次考验。

7.1.2 雨的形成原理

降雨是一种自然现象，也是一种降水方式，是大自然水循环中不可缺少的一环。除了雨外，依据天气状况也有降雪、冰雹等降水方式。降水的意义就是让地球的水动起来，产生循环，让所有人及远离水源的动植物得到淡水的补给。

至于降雨的形成过程，同学可以简单理解为植物表面水分蒸发，地表水（包括陆地、江、河、湖、海）蒸发变成水蒸气，然后水蒸气在上升一定高度后遇冷凝结很小的水珠，大量的水珠形成了云，这些云中水珠在各种作用（例如尘埃、静电、碰撞）下不断凝结变大。当这些水珠质量增大到上升气流无法将其托住时，开始下降，便形成了雨。在下降过程中又不断碰撞、分解，于是雨滴大小也可能是不一样的。

有关降水过程的简单示意图可参考图7-2。

图7-2　简单水循环

7.1.3 难点突破

本作品主要面临的问题见表7.1。

表7.1 场景技术难题及解决方案

技 术 难 点	解 决 方 案	涉及的积木
水汽的上升效果	利用克隆来实现	控制 模块中的积木
如何让水汽上升时比较自然，到空中后呈现分散状态	使用多段移动来实现	主要包括 运动 和 运算 模块中的积木
下雨效果	利用克隆来实现	控制 模块中的积木
考虑下雨只能出现在云彩范围	利用侦测模块中的积木来实现	x 坐标 对于 下雨的云
控制云彩出现的时机	利用消息发送或等待积木来实现	事件 或 控制 模块中的积木
克隆体被限制出现 300 个左右，因此上升的水汽有可能出现断档情况	让克隆体存在一段时间后再删除，或者让其碰触云彩后一段时间再删除	

7.1.4 场景拆分

复杂的场景尽量拆成单独的小场景，这样实现起来比较简单，逻辑也相对清晰。本作品可划分以下几个小场景来实现。

（1）水塘中升起的水汽。

（2）天空出现漂浮的普通云彩。

（3）出现雨云，并随时间增加而变成乌云。

（4）乌云开始下雨。

（5）下雨后怪物和火种出现，并允许人利用鼠标消灭怪物。

（6）对失败和成功进行收尾工作。该场景可以和第5个场景一起实现。

当这几个小场景都实现后，再利用积木把它们之间形成一种关联，这样就可以实现比较完善的大场景了。

 说明 场景拆分不是必须要做的，只是一种思路，这种方式也不见得符合每个同学的思考方式，因此仅做参考。

7.2 作品场景拆分实现

7.2.1 水塘中升起的水汽

该小场景所需素材见表7.2。

表7.2　上升水汽所需素材

元　素	说　明	相关操作
	水汽。一个蒸汽，该角色是利用画笔绘制而成，只需要在矢量模式下，造型中心画一个小矩形即可	
	舞台背景，造型名称为"下雨背景"。从本地文件上传该背景	
	碰触水汽的云。从本地文件上传该角色。该角色不需要编写代码，只做碰触水汽使用	

有了场景和角色，接下来就是编写代码，水汽相关代码参考表7.3。

表7.3　水汽上升实现

元　素	元素对应的脚本	说　明
		自定义一个名为"水汽单体"的积木
		定义一个名为"水汽上升"的积木。上升过程分两段，保证水汽上升到一定高度才分散

续表

元 素	元素对应的脚本	说 明
	当 被点击 将 将要出现云彩 设定为 0 重复执行 　水汽单体 　克隆 水汽	创建变量"将要出现云彩",该变量作用是标识是否应该让云彩展示到舞台。当前表示不让云彩出现,每个水汽出现在不同的位置
	当作为克隆体启动时 水汽上升 将 将要出现云彩 设定为 1 等待 3 秒 删除本克隆体	水汽上升并在一定高度散开后,将变量设定为1,表示云彩应该出现了,并为了避免克隆体到达极限,主动删除克隆体
	当作为克隆体启动时 重复执行 　如果 碰到 雨云 ? 或 碰到 碰触水汽的云 ? 那么 　等待 3 秒 　删除本克隆体	为了让效果更真实,当水汽碰到某些云彩时,也会让水汽消失,也避免上升水汽出现断档
	当 被点击 在 将要出现云彩 > 0 之前一直等待 广播 云彩该出现了	当变量大于 0 时,开始发出广播消息

该场景效果见图7-3。

图7-3　水汽上升实现效果

7.2.2　空中漂浮的白云

该小场景所需素材见表7.4。

表7.4　浮云所需素材

元　素	说　明	相关操作
	浮云1。 从本地文件上传该角色	 新建角色：✿ ✏ ⬆ 📷
	浮云2。 从本地文件上传该角色	 新建角色：✿ ✏ ⬆ 📷

浮云相关代码见表7.5。

表7.5　浮云相关代码

元　素	元素对应的脚本	说　明
		程序开始隐藏浮云
		收到消息后，开始显示，并移动以及更替各种效果，使之不断移动漂浮
		程序开始隐藏浮云
		收到消息后，开始显示，并移动以及更替各种效果，使之不断移动漂浮

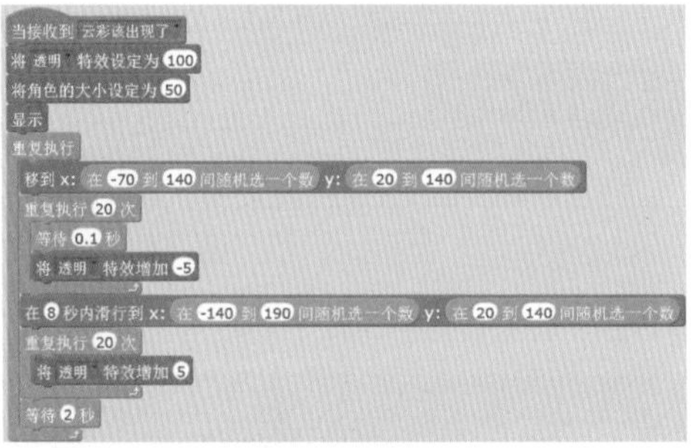

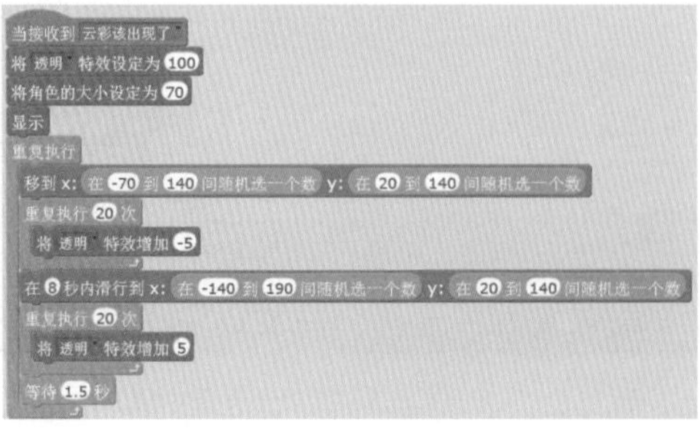

运行程序后，实现效果见图7-4。

图7-4 浮云实现效果

7.2.3 空中的雨云

该场景中共有两个角色，但所用素材是同一个，只是放置位置不同，以达到展示不同效果的目的。该小场景所需素材见表7.6。

表7.6 雨云所需素材

元　素	说　明	相关操作
	雨云。 从本地文件上传该角色，放置背景天空中的空白处	新建角色：
	大云雨。 从本地文件上传该角色，放置背景云层中	新建角色：

雨云相关代码见表7.7。

表7.7 雨云相关代码

元　素	元素对应的脚本	说　明
雨云	当 ▢ 被点击 隐藏 将 透明 特效设定为 100 移到 x: 120 y: 96	程序开始隐藏雨云角色并设定位置

续表

元　素	元素对应的脚本	说　明
　雨云	当接收到 云彩该出现了 显示 重复执行 10 次 　等待 0.2 秒 　将 透明 特效增加 -10 等待 2 秒 重复执行 6 次 　将 亮度 特效增加 -5 　等待 0.4 秒	收到消息后,慢慢浮现云彩,之后随着水汽上升,云彩由白变黑
	当 被点击 隐藏 将 透明 特效设定为 100 移到 x: -114 y: 92	程序开始隐藏大雨云角色并设定位置
大雨云	当接收到 云彩该出现了 显示 重复执行 10 次 　等待 0.2 秒 　将 透明 特效增加 -10 等待 2 秒 重复执行 6 次 　将 亮度 特效增加 -5 　等待 0.4 秒	收到消息后,慢慢浮现云彩,之后随着水汽上升,云彩由白变黑

该场景实现效果展示见图7-5和图7-6。

图7-5　雨云实现效果1　　　　图7-6　雨云实现效果2

7.2.4 云中飘下的雨

该场景设定"大云雨"和"雨云"两个角色都会降雨，涉及的角色有两个，就是"雨滴"，这两个角色同样来自相同的素材。该小场景所需素材见表7.8。

表7.8 降雨所需素材

元　素	说　明	相关操作
	雨滴。 从本地文件上传该角色，从"雨云"中降落的雨滴	新建角色：
	雨滴 SE。 从本地文件上传该角色，从"大云雨"中降落的雨滴	新建角色：

降雨相关代码见表7.9。

表7.9 降雨相关代码

元　素	元素对应的脚本	说　明
雨滴	定义 雨滴单体 将角色的大小设定为 10 移到 x: x坐标 对于 雨云 + 在 -90 到 60 间随机选一个数　y: y坐标 对于 雨云 面向 90 方向 隐藏	雨滴角色代码。 把雨滴降落范围控制在"雨云"角色的范围内
	当 被点击 等待 20 秒 重复执行 　雨滴单体 　克隆 自己	等待的作用是让前期场景运行完毕，再让降雨适时出现
	当作为克隆体启动时 显示 重复执行 40 次 　将x坐标增加 -2 　将y坐标增加 -5 隐藏 删除本克隆体	雨滴不断下落效果

续表

元　　素	元素对应的脚本	说　　明
![雨滴 SE] 雨滴 SE	定义 雨滴单体SE 将角色的大小设定为 10 移到 x: x坐标 对于 大云雨 + 在 -60 到 60 间随机选一个数 y: y坐标 对于 大云雨 面向 90 方向 隐藏	雨滴 SE 角色代码。 把雨滴降落范围控制在"大云雨"角色的范围内
	当 被点击 等待 20 秒 重复执行 　雨滴单体SE 　克隆 自己	
	当作为克隆体启动时 显示 重复执行 40 次 　将x坐标增加 -2 　将y坐标增加 -5 隐藏 删除本克隆体	

该场景实现效果见图7-7。

图7-7　降雨场景实现

7.2.5　雨中作战

该场景不仅仅包括雨中作战部分，也包括了对整个游戏结束时的一个善后工作。所需素材见

表7.10。

表7.10　降雨所需素材

元　　素	说　　明	相关操作
	邪恶怪物。 从 Scratch 角色库 分类 / 动物 中选取 Bat2	新建角色：[图标]
	从 Scratch 角色库 主题 / 物品 中选取 Candle。该角色包含两个造型，修改 candle1–a 造型，保留火焰，变成角色中的火种	删除后
	舞台背景，失败时背景的造型。从本地文件中上传背景	

雨中作战中怪物相关代码见表7.11。

表7.11　雨中作战中怪物角色相关代码

元　　素	元素对应的脚本	说　　明
	当 被点击 将角色的大小设定为 25 隐藏 等待 23 秒 重复执行 　等待 0.2 秒 　下一个造型	让该角色出现在舞台时呈现飞行效果
	当 被点击 等待 24 秒 显示 移到 x: 在 -185 到 160 间随机选一个数 y: 在 -40 到 50 间随机选一个数 广播 怪物出现了 重复执行 　在 2 秒内滑行到 x: 在 -185 到 160 间随机选一个数 y: 在 -40 到 50 间随机选一个数	让该角色不断地出现在不同的位置，并发出怪物出现的消息

元　　素	元素对应的脚本	说　　明
		自定义变量"打击次数"。当鼠标按键被按下,同时怪物又碰到鼠标时,认为打击怪物一次,同时怪物消失一段时间
		当打击怪物5次以上时,怪物逃跑,表示吉迦通过该游戏,保住了火种,并停止所有程序

雨中作战中火种相关代码见表7.12。

表7.12　雨中作战中火种角色相关代码

元　　素	元素对应的脚本	说　　明
		创建了"计时"变量。设置计时效果,每隔1秒变量增加1
		当收到"怪物出现了"消息后,计时器开始重置为0,并等待20秒,如果20秒内没有打击怪物5次以上,表示失败

续表

元　素	元素对应的脚本	说　明
	当接收到 怪物出现了 显示 重复执行 　如果 鼠标键被按下？ 那么 　　克隆 自己 　　移至最上层	当鼠标被单击时，火种飞出到鼠标单击位置
	当作为克隆体启动时 在 0.1 秒内滑行到 x：鼠标的x坐标 y：鼠标的y坐标 删除本克隆体	火种飞到鼠标位置
	当接收到 保住了火种 说 哈，终于通过了这次考验！ 2 秒	收到"保住了火种"消息后，提示通过考验

雨中作战中背景相关代码见表7.13。

表7.13　雨中作战中背景相关代码

元　素	元素对应的脚本	说　明
	当 被点击 将背景切换为 下雨背景	当程序开始时，背景一定切换到"下雨背景"造型
	当接收到 失败 下一个背景 停止 全部	当收到失败消息时，把背景造型进行切换，并停止所有程序运行

整个作品运行效果见图7-8。

图7-8　作品运行效果

7.3　课程拓展

（1）尝试降低"雨滴SE"降雨密度。

> **提示 ▼**
>
> 可参考以下代码：

```
定义 雨滴单体SE
将角色的大小设定为 10
移到 x: x坐标 对于 大云雨 + 在 -60 到 60 间随机选一个数  y: y坐标 对于 大云雨
面向 90° 方向
隐藏
等待 在 0.01 到 0.05 间随机选一个数 秒
```

（2）为该作品添加打雷、下雨以及怪物笑声的音效。

> **提示 ▼**
>
> 打雷和下雨音效在素材包中，怪物笑声可从声音库中选择自己觉得合适的音频文件即可。可参考以下代码：

第8课 吉迦过桥

火种已经保住，现在吉迦需要手持火种通过变幻莫测的长桥，而桥的长度需要吉迦自己来控制，如果长度刚好落在了桥柱子上，则表示通过一次，否则会摔下桥柱，当通过5次后，表示通过了导师所有的考验。

【吉迦的任务】

📚 跟随本章内容，完成作品——吉迦过桥。作品运行效果见图8-1。

图8-1 吉迦过桥

扫 一 扫

案例效果展示

8.1 作品制作前的思考

8.1.1 场景设想

这个场景和"小人过桥游戏"类似，每次桥的长度由用户来控制，当桥刚好搭到两个桥柱上时，吉迦可以通过，否则会掉下桥柱。因此可以把场景细分如下：

（1）空中有闪动的星星。

（2）吉迦手持火烛在夜色中的桥柱边。

（3）把木棍作为桥，控制桥伸长，当目测桥可以搭到两个桥柱时，让其放倒。

（4）吉迦顺着桥前进，如果桥的长度刚好连接两个桥柱，则判断通过一次，否则摔落桥柱。

（5）每通过一次桥，马上会有另一个桥柱移动过来。

（6）吉迦和导师的对话。

8.1.2　难点突破

本作品主要面临的问题见表8.1。

表8.1　场景技术难题及解决方案

技术难点	解决方案	涉及的积木
可伸长的桥	利用画笔绘制线段来实现	画笔 模块中的积木
默认情况下线段会垂直地向上伸长，但最终会放倒横架在两个桥柱之间	记录线段的长度，利用画笔反复绘制线段，以达到该效果	画笔 模块中的积木
考虑什么情况下吉迦掉落桥柱	需要综合桥（线段）的长度、桥柱的宽度、其他多余空间宽度来进行相关计算	主要包括 运动 和 运算 模块中的积木

8.1.3　场景拆分

为了让思路更清晰，这里可以把整个场景拆分成小场景，同学可参考以下拆分结果。

（1）程序开场页面。

（2）空中有闪动的星星。

（3）控制伸长的桥。

（3）可移动的桥柱。

（5）过桥的吉迦。

（6）吉迦和导师的对话。

8.2　作品场景拆分实现

8.2.1　游戏开场页面

该小场景所需素材见表8.2。

表8.2　开场页面素材

元　素	说　明	相关操作
START	开场页面。 该角色由画笔在矢量模式下绘制而成，用一个实心矩形，从舞台造型界面左上角画到右下角，并添加文字 START	

开场页面涉及的代码见表8.3。

表8.3　开场页面代码

元　素	元素对应的脚本	说　明
START	当 被点击 移至最上层 显示 重复执行 　如果 碰到 鼠标指针 ? 那么 　　如果 鼠标键被按下? 那么 　　隐藏 　　广播 是否开始 　　停止 当前脚本	开场页面会在程序运行一开始出现，并当鼠标单击页面后隐藏起来，并发送消息给可移动的桥柱

8.2.2　空中闪动的星星

该小场景所需素材见表8.4。

表8.4　空中闪动的星星所需的素材

元　素	说　明	相关操作
	星星1。 该角色由画笔在矢量模式下绘制而成，用一个实心圆代表星星	
	星星2。 该角色也由画笔在矢量模式下绘制而成，用一个实心圆代表星星	
	游戏背景。 从 Scratch 背景库 主题 / 太空 中选取 space	54 口 1 背景 新建背景

会闪动的星星相关代码参考表8.5。

表8.5　实现闪动的星星

元　素	元素对应的脚本	说　明
星星 1		星星 1 相关代码。 星星会呈现明暗变化效果，同时会出现在不同位置
星星 2		星星 2 相关代码。 为了和星星 1 有差别，这里设置了特效和大小，并且等待的时间也不同

8.2.3　可伸长的桥

用画线扮演了桥，桥可伸长，玩家可控制其何时开始伸长以及何时终止伸长，并且实现从垂直到放倒整个过程的效果。相关素材见表8.6。

表8.6　可伸长的桥相关素材

元　素	说　明	相关操作
	画笔。 该角色由画笔绘制而成，用一个实心矩形代表画笔	X: 240　y: -180　新建角色：　100%　位图模式　转换成矢量编辑模式

桥的相关代码参考表8.7。

表8.7 可伸长的桥相关代码

元 素	元素对应的脚本	说 明
	当 被点击 隐藏 清空 将 桥位置X 设定为 -200 将 桥位置Y 设定为 -84	这里创建了两个变量,并把画笔初始位置赋值给了两个变量
	当按下 空格 ① 移到 x: 桥位置X y: 桥位置Y 清空 将 桥长 设定为 0 ② 将画笔的粗细设定为 6 将画笔的颜色设定为 ■ 落笔 重复执行直到 鼠标键被按下? 　将y坐标增加 1 ③ 　将 桥长 增加 1 抬笔 移到 x: 桥位置X y: 桥位置Y 广播 桥落下 ④ 清空	①画笔移动到初始位置。 ②设置桥长初始为0,以及画笔初始值。 ③当空格键按下时,第1次绘制线段,画笔不断向上画出线,同时记录桥的长度,当鼠标按下时停止绘画。 ④重新回到原始位置,并发送消息
	当接收到 桥落下 面向 45° 方向 落笔 移动 桥长 步 抬笔 移到 x: 桥位置X y: 桥位置Y 广播 桥落下2 清空	第2次绘制线段,向45°方向,代码是桥放倒的过渡效果
	当接收到 桥落下2 面向 90° 方向 落笔 移动 桥长 步 抬笔	第3次绘制线段,面向水平方向,出现桥由垂直到水平的效果

8.2.4 可移动的桥柱

这里设定在起始位置始终有一个桥柱不可动,然后从舞台另一边移动来另一个桥柱,并且可移动桥柱的造型是随机出现的。相关素材见表8.8。

表8.8　桥柱素材

元　素	说　明	相关操作
	不动的桥柱。 该角色由画笔绘制而成，即在造型区用实心矩形绘制出该形状。 设置该矩形右上角为中心。这么做的目的是方便整个游戏的距离计算	
	可移动桥柱。 该角色同样由画笔绘制而成，但包含 3 个不同的造型，也就是需要绘画 3 个矩形，这 3 个造型宽度不同。 设置该矩形左上角为中心	

这几个桥柱在舞台显示的高度需要一致，因为桥是水平的，所以如何摆放需要同学自己动手实验。

与桥柱相关的代码见表8.9

表8.9　桥柱相关代码

元　素	元素对应的脚本	说　明
 不动的桥柱		该桥柱不可动，当程序运行时，设置初始位置
 可移动桥柱		①在 数据 模块中单击 建立一个列表 按钮来创建一个列表，列表就好像同学排队一样，每个同学都相当于列表中的数据。 ②代码表示把每个桥的造型的宽度都放到列表中，放置顺序和造型序号要一致，也就是代码中的"44"是造型列表中第 2 个造型的宽度

续表

元　素	元素对应的脚本	说　明
可移动桥柱	当接收到 是否开始 新桥型的出现	当接收到开始页面发来的消息后开始执行
	定义 新桥型的出现 移到 x: 240 y: -89 将 两桥柱之间距离 设定为 在 70 到 220 间随机选一个数 将 当前桥柱造型 设定为 在 1 到 3 间随机选一个数 将造型切换为 当前桥柱造型 显示 在 1 秒内滑行到 x: -200 + 两桥柱之间距离 y: -89	创建积木"新桥型的出现",设置初始位置。随机获取到不动桥柱的距离,随机选择一个可移动桥柱的造型并切换至该造型,然后依据前面获取的随机数来计算该桥应该出现的位置
	当接收到 通过本次路程 在 1 秒内滑行到 x: -240 y: -89 隐藏 新桥型的出现	当收到指定消息后,可移动的桥柱会移动到(-240,-89)的位置,并隐藏

至此,游戏实现的场景效果见图8-2和图8-3。

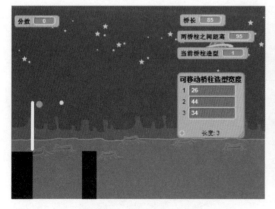

图8-2 控制桥伸长

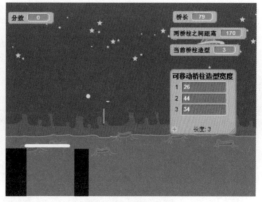

图8-3 桥水平放置

8.2.5 过桥的吉迦

当桥水平放置后,吉迦开始过桥,过桥需要考虑3个步骤,分别是上桥、过桥和下桥,由于桥本身具有一定的厚度,为了让该游戏更真实,这3个步骤需要考虑Y轴坐标的增减。该场景相关素材见表8.10。

表8.10　过桥相关素材

元　素	说　明	相关操作
	吉迦角色。 从角色库 主题 / 太空 中选取 Giga walking，并编辑该角色，出现让其手持火烛的效果	在吉迦的造型列表中新建一个造型，即从造型库中选择 candle1-a 造型，并在造型编辑区选中它，然后利用 Ctrl+C 快捷键对其复制，分别粘贴到吉迦的 4 个造型中，待放好位置，利用 ▣ 按钮对它们进行组合

与吉迦相关的代码见表8.11

表8.11　吉迦相关代码

元　素	元素对应的脚本	说　明
	当 ▶ 被点击 将角色的大小设定为 30 将 分数 设定为 0 面向 90° 方向 移到 x: -208 y: -77	设置角色大小、初始位置、运动方向以及分数初始值。每成功过一次桥，该分数会增加 1
	当接收到 桥落下2 等待 0.05 秒 面向 90° 方向 重复执行 50 次 　如果 碰到颜色 ■ ？那么　① 　　将y坐标设定为 y 坐标 对于 画笔 + 15 　移动 桥长 + 8 + 6 / 50 步　② 　下一个造型 广播 走完本次路程	①角色碰到白色表示碰触到了桥，然后考虑上桥，也就是 Y 坐标增加 15。 ②角色过桥，通过计算得到走过的总路程，同时要求 50 步走完该路程
	当接收到 走完本次路程 将y坐标增加 -10 如果 桥长 < 两桥柱之间距离 或 桥长 > 两桥柱之间距离 + 第 当前桥柱造型 项于 可移动桥柱造型宽度 那么 　面向 180° 方向 　重复执行 10 次 　　右转 15 度 　　将y坐标增加 -10 　广播 本次过桥失败 否则 　等待 0.5 秒 　广播 通过本次路程 在 1 秒内滑行到 x: -208 y: -77	

续表

元　素	元素对应的脚本	说　明
	当接收到 通过本次路程 ▾ 将 分数 ▾ 增加 ❶ 清空 在 ❶ 秒内滑行到 x: -208 y: -77	通过本次路程后，该角色重新移动到初始位置，并为分数增加 1
	当接收到 本次过桥失败 ▾ 面向 90° 方向 移到 x: -208 y: -77 清空	当过桥失败后，分数不会增加，该角色同样回到初始位置

该场景实现效果见图8-4。

图8-4　过桥场景实现

8.2.6　导师和吉迦的对话

当分数达到5后，导师会出现在舞台右侧，开始和吉迦对话。该场景相关素材见表8.12。

表8.12　二人对话相关素材

元　　素	说　　明	相　关　操　作
	吉迦角色。 从角色库 主题 / 太空 中选取 Giga walking，并编辑该角色，出现让其手持火烛的效果	在吉迦的造型列表中新建一个造型，即从造型库中选择 candle1-a 造型，并在造型编辑区选中它，然后利用 Ctrl+C 快捷键对其复制，分别粘贴到吉迦的 4 个造型中，待放好位置，利用 按钮对它们进行组合
	导师。 从 Scratch 角色库 主题 / 太空 中选取 Robot1，并把它的造型进行"左右翻转"设置	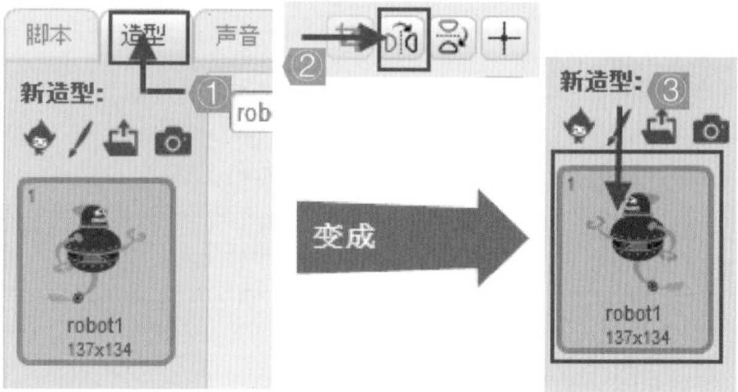

该场景相关代码见表8.13。

表8.13　对话相关代码

元　　素	元素对应的脚本	说　　明
	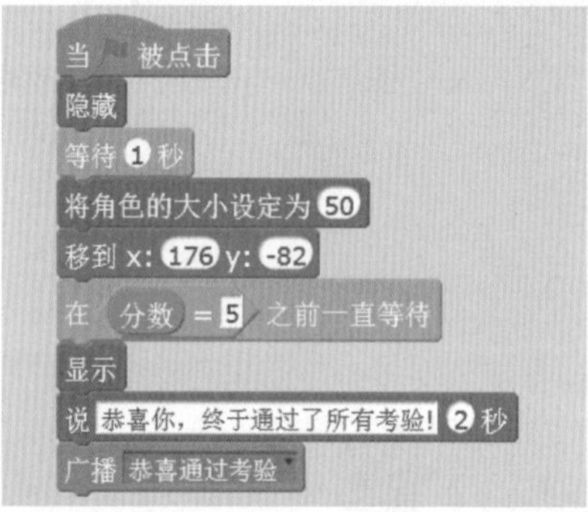	设置角色大小、初始位置、运动方向以及分数初始值。每成功过一次桥，该分数会增加 1
	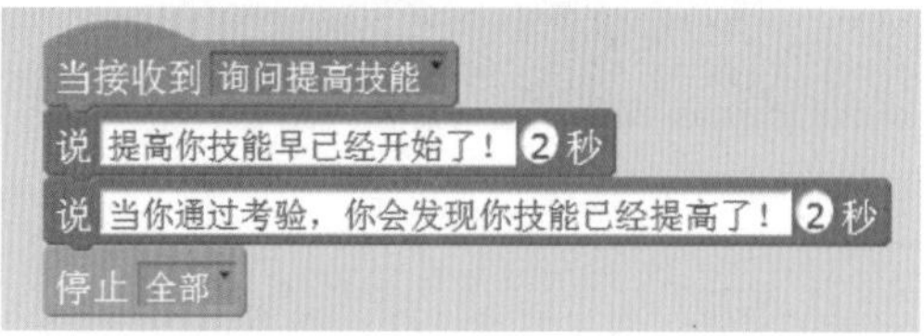	
	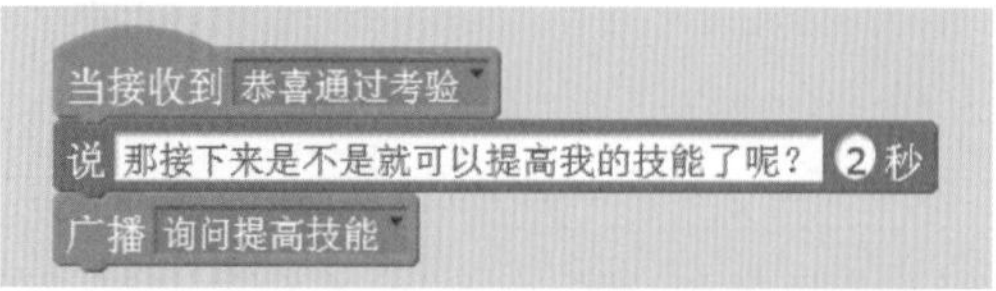	

到目前为止，整个场景已经实现，程序运行效果见图8-5。

图8-5 场景运行中

8.3 课程拓展

（1）当前代码中并没有显示移动过来桥柱的宽度，同学可尝试自己获取每个移动过来的桥柱宽度，然后让它显示到舞台。

> **提示**
> 首先创建一个名为"当前桥柱宽"的变量，然后在"可移动桥柱"角色中的脚本区适当的位置添加以下代码：

将 当前桥柱宽 设定为 第 当前桥柱造型 项于 可移动桥柱造型宽度

（2）尝试为该游戏添加背景音乐，并在吉迦成功过桥时发出欢呼音效。

> **提示**
> 有关游戏背景音乐可以在背景角色中添加，而欢呼声需要在"吉迦"角色脚本区中添加，可参考以下代码：

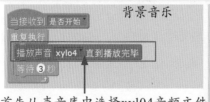

背景音乐

首先从声音库中选择xyl04音频文件到声音工作区。再添加这段代码

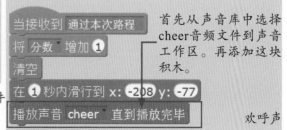

首先从声音库中选择cheer音频文件到声音工作区。再添加这块积木。

欢呼声

第9课 Scratch编程语法

建议同学在学习的过程中不需要刻意记忆Scratch提供了哪些积木,只需要不断地练习即可,练习过程中自然就会记住了这些积木的使用方式。

Scratch的优势就是把高级编程语言(例如C语言、Java语言等)的基本要素都以可视化的方式(积木)进行了实现,并将其划分成10类,放置到"积木分类区"中,让用户快速、方便、直观地学习使用Scratch。

每一门编程语言都有自己的擅长应用之处,例如Java适合网站或服务器端编程,C#开发桌面程序会更方便快捷,Python则更适合用于科学计算,而Scratch则能快速把程序以动画的形式展示到舞台,更适合教育方向。Scratch不输于当前的高级编程语言,并且包含了主流的编程理念,下面将以编程语言的方式来介绍Scratch,让初次接触编程的读者快速建立编程思维。

> **说明** 每种编程语言具体能做什么有时候并不是由语言本身决定,而是看开发者的能力。这里列举的几种语言并不是它们只能处理给出的这几种业务,而是处理相关业务更方便一些。

9.1 变量

9.1.1 什么是变量

变量源自数学,在计算机中,变量可以保存程序中的数据。它的本质是在内存中开辟一个空间,并用一个标签标记这个空间的位置(其实内存也是有地址的),而数据则存储在这个空间内。由于标签指定了数据的位置,所以我们可以用这个标签获取它指向的数据。简单示意图可参考图9-1,实际上原理比这个图复杂。

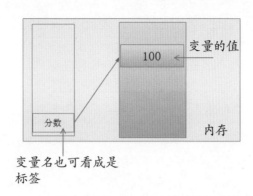

图9-1 变量名与变量值简单示意图

怎么样，是不是比较抽象，不好理解。那么换一种方式来理解变量：把变量看成一个个带有名字的箱子，如图9-2中的"A""B""C"；箱子里可以放置物品，如图9-2中的"香蕉""桃子""蛋糕"；当你拿到某个箱子时，就相当于得到了箱子里的物品。整个场景中的箱子名称就是变量名，而箱子中的物品就是变量的值。

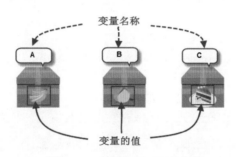

图9-2 变量与箱子示意图

9.1.2 变量的命名

变量的命名也称为给变量起名，看似微不足道的一件事许多人便不在意，随意为变量起名，其实这么做是不对的。在其他编程语言中都有一定的命名规则（不是强制的），遵循命名规则的好处就是让代码容易读懂，因为一段代码再次被阅读时可能距离上次读懂该代码已经很久，要想快速地理解这段代码，简单明了的变量名称会提供不少帮助。

在Scratch中，针对变量的名称官方没有做特殊要求，但本书作者建议为变量起名尽量采用含义明确、有意义的词汇。假设某个程序中需要创建一些变量，分别存储特殊的成绩，分别是

"班级最高分""班级最低分""班级平均分"，在图9-3中有3组变量的名称，同学可以思考哪组最稳妥。

图9-3　变量命名比较

很明显，A组最稳妥；为什么说稳妥，因为B组变量名有可能和其他一些相似的变量名混淆，例如"学校最高分"等，假如确认没有能与其混淆的变量名，B组也是可以的；而C组是最不推荐的变量名称。

9.1.3　局部变量和全局变量

几乎在所有编程语言中，变量都会分为局部变量和全局变量，只不过细节上有差异。在Scratch中，分别用"仅适用于当前角色"和"适用于所有角色"来表示局部变量和全局变量。其中局部变量只能在当前角色中查看，其他角色无法查看该变量；而全局变量可以被任何角色查看。因此，全局变量除了存储数据，也用来作为角色间相互传递信息的一种途径。变量的创建在第2章已经介绍，这里不再赘述，创建变量后，会出现与变量相关的4个积木，它们的功能可参考图9-4，而变量本身的积木也可以放置到其他积木的凹槽内作为数据使用。

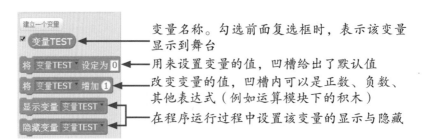

图9-4　与变量相关的积木

由9.1.1小节的介绍可以知道，变量用来存储数据，使用变量等同使用它存储的数据，因此，图9-5中的代码是合理的。

图9-5 变量的使用

9.2 流程控制

首先了解下什么是流程，简单来说，我们完成一件事的过程（例如，完成作业，吃饭），都可以看成一个流程。而流程控制就是利用一些特殊的方式来控制流程实现的过程。这里要介绍的就是控制流程的方式，经过总结，大家了解到流程控制实际上是由重复结构（其他语言称之为循环结构）和判断分支来实现的。

在所有编程语言中，重复结构包括"重复指定的次数""不断重复""在达到某个要求前不断的重复"；而判断分支包括"如果…那么""如果…那么…否则"。除此之外还有一个比较特殊语句，其积木是 在○之前一直等待 ，表示"在满足某个条件前一直等待"，在其他编程语言中会以不同的方式实现类似的功能。

9.2.1 重复结构积木

在Scratch中与重复结构相关的积木见图9-6。

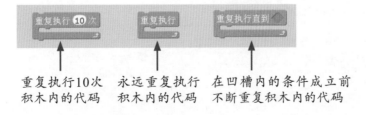

图9-6 与重复相关的积木

9.2.2 判断分支积木

Scratch中与判断分支结构相关的积木见图9-7。

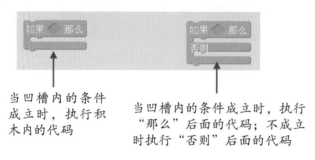

当凹槽内的条件
成立时，执行积
木内的代码

当凹槽内的条件成立时，执行
"那么"后面的代码；不成立
时执行"否则"后面的代码

图9-7 判断分支结构

9.2.3 综合运用

当重复结构积木和判断分支积木相互嵌套，综合运用时，就能处理很多事情，让程序实现你的想法。例如图9-8中这段代码会判断1～10中的偶数，把每个偶数以猫咪说话的方式表示出来，并且在每次报数时需要向前移动一段距离。

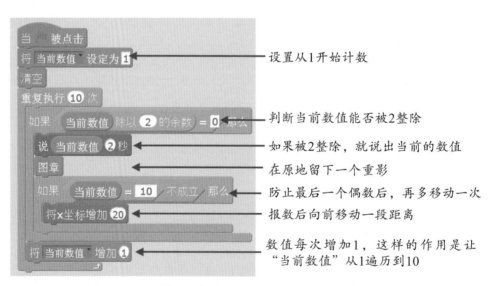

设置从1开始计数

判断当前数值能否被2整除

如果被2整除，就说出当前的数值

在原地留下一个重影

防止最后一个偶数后，再多移动一次

报数后向前移动一段距离

数值每次增加1，这样的作用是让
"当前数值"从1遍历到10

图9-8 流程控制综合应用

9.3　有关字符串

实际上Scratch为我们提供了3种数据类型，分别是数值型、字符串类型、布尔类型，与这3种数据类型关联紧密的积木都在 运算 模块中，而字符串可以是由数字、字母、下画线组成的一串有序的序列。获得字符串的长度、获取指定位置的某个字符、统计字符串中某个字符的数量等在Scratch中都是可以实现的。

9.3.1　了解字符串

假如有字符串"abcde"，不管这个字符串是否赋值给了一个变量，那么这个字符串中的字符排列的顺序都会如图9-9所示。

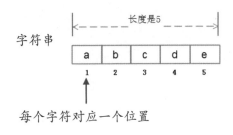

图9-9　字符串中各字符的位置

9.3.2　操作字符串

Scratch中字符串从1开始计算每个字符的位置，这和其他编程语言有些差别。在图9-10中给出的代码实现的功能是：统计输入的字符串中字母"c"的数量。

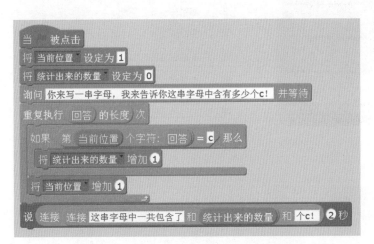

图9-10　统计字符串中某个字符的数量

9.4 列表

Scratch中可以把数据赋值给变量，但每个变量只能接收一个数据，假如把一周7天分别存储到变量中，就需要7个变量，这是一件非常麻烦的事，如何解决这种弊端呢？那就是利用列表来存储这些数据。

9.4.1 了解列表

可以把列表看成一个容器，可以存放很多数据，就好像五斗橱一样，每个抽屉里可以放置一个数据，只不过列表能存放数据的数量远远多于五斗橱，见图9-11。

列表可以存储多条数据，为了方便提取数据，列表会以顺序递增的方式为每个数据都设置一个唯一的索引，这样，利用索引就可以获取该索引对应的数据。图9-12中展示了一个名为"一周列表"的列表，它存储了7个字符串类型的数据，这些数据表示一周的七天。而数据前面的数字，则是数据的索引，当我们指定某个索引后，就可以对它对应的数据进行操作（包括获取、修改、删除等）。

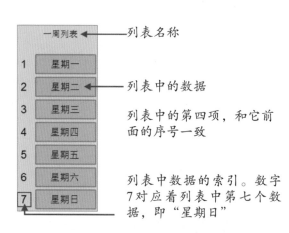

图9-11　五斗橱　　　　图9-12　包含7个数据的列表

9.4.2 创建列表

列表创建的位置在 数据 模块中，列表可分为"全局列表"和"局部列表"，"全局列表"可以被所有角色访问。当一个列表被创建出来，会同时产生与之相关的9个积木，功能介绍见图9-13。

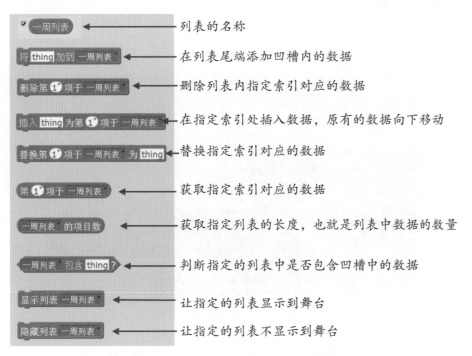

图9-13 列表相关积木的功能介绍

默认情况下，当一个列表被创建完成，该列表会显示到舞台，见图9-14。

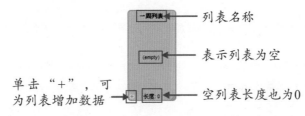

图9-14 舞台上的列表展示

在舞台上可以手动为列表添加数据，方法是单击图9-14中的"+"，这种添加数据的方式我们可以认为是静态添加数据，而在代码中往列表中添加数据则为动态添加数据，静态添加数据和动态添加数据对列表本身来说是没有区别的，因为数据都进入了列表。

说明 ▼ 如果侧重使用提取列表中的数据，可以使用静态方法添加数据；如果侧重操作列表中的数据（例如不断变换列表中的数据），则必须使用动态添加数据的方法。

9.4.3　操作列表

前面介绍了相关积木的功能，那么如何操作列表对同学来说只需一段演示程序而已，图9-15这段代码演示了把1～10个数字放入列表，并计算其中偶数的和，最后将计算结果插入列表第一项。

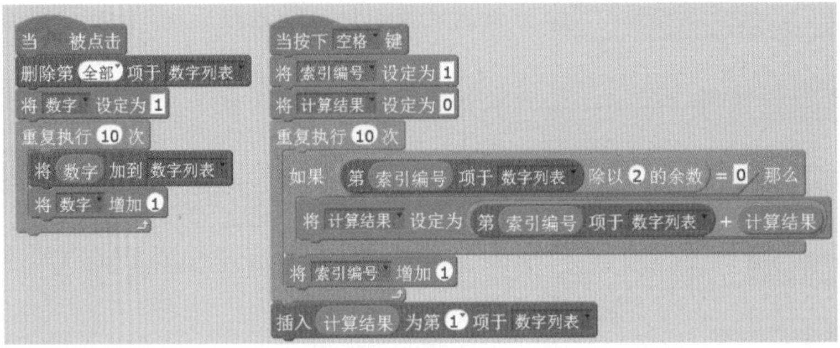

图9-15　对列表进行操作

9.5　程序中的方法

任何编程语言中都包含方法，也称为函数。我们可以这样理解什么是方法：把完成相同事件的代码放到一起，并封装起来，以期待下次再做同样的事情时直接使用这段代码，被封装的代码就是方法。方法的初表是提高编程效率，让代码更清晰。

9.5.1　创建新积木

在Scratch中提供了类似创建函数的功能，该功能是 更多积木 模块中的 制作新的积木 按钮。单击该按钮可以创建一个新的积木，新的积木中允许包含多条程序代码，最后这个新积木可以完成某个功能，其他代码中直接调用这个新积木就可以了。

在图9-16中演示如何创建一个新的积木，图中箭头指向部分是新积木的名称和允许传入新积木的数据，在其他编程语言中，箭头指向的地方就是方法的名称和参数。创建该积木的主要目的是实现图9-15中的功能。

9.5.2 在新积木中实现功能

在实现新积木功能前需要创建一个名为"新积木

中的数字列表"的列表以及名为"数字"和"索引编号"的变量，这个列表专门供新积木使用，

接下来在新积木中实现图9-15的功能，具体脚本参考图9-17。

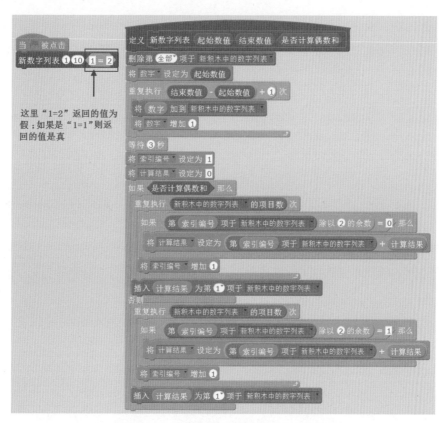

图9-16 创建新积木

图9-17 创建新积木并调用该积木